• 湖南高质量发展研究丛书 •

# 湖南省水土流失演变规律及治理技术

申志高　李忠武　王辉　谢红霞 / 编著

U0350270

湖南大學出版社
· 长沙 ·

**图书在版编目（CIP）数据**

湖南省水土流失演变规律及治理技术 / 申志高等编著. — 长沙：湖南大学出版社，2022.9

ISBN 978-7-5667-2699-5

Ⅰ. ①湖… Ⅱ. ①申… Ⅲ①水土流失—演变—研究—湖南②水土流失—防治—研究—湖南 Ⅳ. ①S157.1

中国版本图书馆CIP 数据核字（2022）第178089号

湖南水土流失演变规律及治理技术

HUNAN SHUITU LIUSHI YANBIAN GUILV JI ZHILI JISHU

编　　著：申志高　李忠武　王辉　谢红霞

策划编辑：卢　宇

责任编辑：黄　旺

印　　装：广东虎彩云印刷有限公司

开　　本：787 mm × 1092 mm　1/16　印　张：10　字　数：190千字

版　　次：2022年9月第1版　印　次：2022年9月第1次印刷

审 图 号：湘S（2017）170

书　　号：ISBN 978-7-5667-2699-5

定　　价：36.00元

出 版 人：李文邦

出版发行：湖南大学出版社

社　　址：湖南 · 长沙 · 岳麓山　邮　编：410082

电　　话：0731-88822559（营销部）　88649149（编辑部）　88821006（出版部）

传　　真：0731-88822264（总编室）

网　　址：http：//www.hnupress.com

版权所有，盗版必究

图书凡有印装差错，请与营销部联系

# 前言

党的十八大以来，以习近平同志为核心的党中央站在坚持和发展中国特色社会主义、实现中华民族永续发展的战略高度，把生态文明建设作为统筹推进“五位一体”总体布局和协调推进“四个全面”战略布局的重要内容，谋划开展了一系列具有根本性、长远性、开创性的工作，使我国生态环境保护从认识到实践发生了历史性、全局性变化，美丽中国建设深入人心、稳步推进。在新发展理念指引下，生态文明建设上升为国家战略，经济社会发展从“求生存”到“求生态”，水土保持成发展硬指标。治理水土流失，是保障长江流域生态屏障的重要措施，也是守护百姓美好家园的长效之举。

随着环洞庭湖生态经济区规划、长株潭“两型社会”建设规划的实施，长株潭一体化和城镇化进入加速阶段，人地矛盾日益凸显，水土保持工作也面临新的挑战。我们亟需转换思路，以生态系统服务功能提升为主线，针对湖南省自然社会情况，将区域水土流失生态治理与特色生态林果培育和民生改善有机结合，通过水土流失综合治理提升区域生态服务功能，为生态、社会和经济的可持续发展提供技术支持。

本书的内容是湖南省重大水利科技项目“基于生态功能提升的湖南省水土流失治理模式措施及示范研究”（湘水科计[2017]230-40）的研究成果及作者在水土流失治理研究领域多年成果的总结，书中主要有以下内容：一是根据 CSLE 方程对 2000 年、2010 年和 2020 年湖南省的土壤侵蚀模数进行了计算与规律分析。从省域尺度上进行湖南省水土流失情况的动态变化研究，并与《湖南省水土保持公报》发布数据的趋势相比较，总结了湖南省水土流失在空间上呈现的规律特征，为全省区域水土保持监测及生态环境建设工作提供了较好参考。同时选取典型小流域蒸水，进行了验证与分析。二是分析了典型治理措施、模式对湖南省水土流失演变的影响规律。三是选取邵阳市双清区的莲荷小流域，建设林下流径流小区，研究不同组合下水土流失防控措施的治理效果，筛选林下水土流失治理的关键技术，为南方红壤丘陵区林下水土流失治理提供参考。四是选定岳阳市岳阳县筻口镇峰岭菁华果园基地研究了湘北新垦经果林红壤坡地水土流失治理措施。

本书可供从事水土保持设计、科研和管理等相关领域人员参考。希望本书的出版有助于提高我国水土保持设计、科研和管理水平，助力水土保持工作上一个新的台阶。

本书的出版得到了湖南省水利厅重大水利科技项目资金支持，得到了湖南师范大学李忠武教授科研团队、湖南农业大学王辉教授科研团队等众多成员的大力支持，在此一并表示感谢。

水土保持涉及水利、生态环境、林业等多个交叉学科，由于作者水平所限，难免有错误和疏漏之处，恳请读者批评指正。

编者

2022年9月于长沙

# 目录

# 1 概述

## 1.1 背景

湖南省地处长江中游的低山丘陵区，属亚热带季风气候，年均温 14~28℃，年降水量 1200~2500 mm，光、热、水资源丰富，但时空分布极不均匀，干、湿季节十分明显。区域地面起伏大、切割深，山丘面积广，地形和母质变化复杂，山地、丘陵、平原比例约为 7 ∶ 2 ∶ 1；植物种类繁多，组成丰富，地带性植被为亚热带常绿阔叶林，生物生长量大，四季常青。湖南省是我国重要的林果作物、经济作物和粮食作物生产基地，优越的自然条件促使省内农业生产具有适种性广、门类齐全的布局特征。湖南省典型的地带性土壤为红壤，黏粒多而品质差，土层厚而耕层浅，养分贫乏且酸度高。加之雨热同期的水热条件，境内土壤本身及其与水、岩、气、生物圈之间的物质循环、交换过程较其他区域土壤更为强烈，生态环境受干扰后退化更为迅速。此外，区域人口稠密、经济开发强度大，与水争地、与林争地现象频发，部分地区人地矛盾尖锐。

湖南省第三次国土调查数据显示，省内耕地面积 5443.4 万亩，其中位于 6~15° 坡度的耕地 1247.10 万亩（约 83.14 万 $hm^2$），占比 22.91%；位于 15~25° 坡度的耕地 391.23 万亩（约 26.08 万 $hm^2$），占比 7.19%；位于 25° 以上坡度的耕地 117.13 万亩（约 7.81 万 $hm^2$），占比 2.15%。在降水和重力作用下，坡耕地土壤侵蚀剧烈，土质粗化、肥力下降，冲刷下来的泥沙淤积水库、河道，降低水利工程寿命，加剧洪涝灾害发生。近年来湖南省大量营造马尾松林、油茶林、桉树林等先锋树种，年生长木材超过 690.59 万 $m^3$，但林下灌草缺失，土层裸露，呈现“远看青山在，近看水土流”的林下流景象，使得生物多样性减少、森林群落结构弱化、小气候调节能力下降。此外，城镇化进程加快促使工程用地增加，道路、桥梁等基础设施建设和房产、旅游等开发区建设以及矿区开采，不仅在施工阶段扰动土壤，建成后的边坡、堆积土冲刷也会造成水土流失，危及设施安全和居民生命财产。

水土流失导致区域环境退化，进而影响生态服务功能发挥，削弱生态系统服务价值，制约经济社会的可持续发展。有鉴于此，国家陆续颁布了《全国水土保持规划（2015—2030年）》《水利部关于加强水土保持监测工作的通知》等文件，为下一步水利工作指明方向。湖南省政府和水利部门也先后出台一系列管理办法，指导全省水土保持工作开展，推进水土保持重点工程建设，并取得了显著成效，先后进行了生态清洁型小流域建设，划定了水土流失重点预防区和重点治理区，水土流失面积由4.04万$km^2$下降到3.74万$km^2$，新建小型水利工程14000余项，陡坡开垦、乱砍滥伐得到有效控制，生产建设项目的水土保持监管也有所加强。但在社会、经济发展和生态环境保护的矛盾下，人地关系日益紧张，顺坡耕作、林种单一、土地利用不当等问题仍然存在，坡耕地、林下流和工程开发造成的水土流失问题依旧突出，区域生态服务功能亟需提高。同时由于地理环境特殊性和生态恢复复杂性，水土流失治理还面临理论发展滞后于生态建设实践、开发型治理与生态功能协同机制不清、治理措施和模式缺乏针对性等问题，亟需从生态系统服务功能角度开展研究，探索新形势下水土流失治理方案。

随着环洞庭湖生态经济区建设上升为国家规划、长株潭一体化融城开发全面铺开，城镇化进入加速阶段，人地矛盾日益凸显，我省水土保持工作亟需转换思路，以区域生态系统服务功能提升为目标，改进水土流失治理措施和模式，借此实现水土流失区生态恢复、生态系统服务功能增强，并推动区域整体的可持续发展。

## 1.2 国内外研究现状及发展趋势

我国早在20世纪50年代就已对主要流域的水土流失发生、发展机制及危害做了比较系统的研究，并提出了包括生物、工程、耕作措施在内的一系列水土流失治理方案。近年来，在将国外先进治理经验与国内自然条件相结合的基础上，我国水土流失的治理理念、治理措施、治理模式都得到了发展与创新。在理念上，经历了从单一治理向综合整治，再向可持续发展和生态文明建设的转变：从关注生产和经济产出到重视生态系统效益，从治理为主到防治结合，从强调现状问题解决到谋求可持续发展，从生态环境恢复到生态文明建设。理念的转变促使技术和措施不断改进：从坡面水土流失治理到小流域综合整治，再到区域社会－经济－生态协同发展、优化布局，从强调单一技术到多技术综合集成，从提高植被覆盖率到改善生态结构、功能提升，从治理流域到优化配置生态景观并注重资源－社会－经济的空间分布及功能分区。水土流失治理理念和措施的变化进一步推动了相关法律法规和规划方案的改进，党的十八大将生态文明建设放在突出位置，并出台了一系列规章制度，指导包括水土流失治理在内的各项生态建设。

国外对水土流失的理论研究主要集中在过程模拟和数据库构建，各国根据所处的不同自然环境和社会经济发展阶段，提出了各具特点的水土流失治理方案。如美国土壤侵蚀国家重点实验室研发了 USLE、RUSLE、WEPP 等土壤侵蚀模型，并根据其平原广布、多以小于 10° 缓坡利用为主的地理特征，建立了以少耕、免耕、残茬覆盖等耕作措施为主的防治技术体系；澳大利亚联邦政府土地保育委员会将土壤健康指标编制成册，提供 130 多项指标及具体操作指南供农牧场主学习使用，并提出了流域环境保护，水利、林业综合治理的水土保持模式；欧洲国家水土保持工作开展偏重生态系统的完整性，将生态治理与产业开发结合，瑞士伯尔尼大学建立了全球水土保持技术和方法数据库（WOCAT），比利时鲁汶大学提出了土壤退化防治的 WaTEM/SEDEM 模型，在此基础上，意大利、西班牙等国发展了葡萄种植及其衍生的葡萄酒产业，德国、波兰等国形成了矿区开采、废渣利用、城市生态恢复的零排放产业链，都成为生态治理与资源高效利用的典范。

我国国土面积广阔而易利用比例小，人口基数大而人均土地少，经济社会迅速发展，压缩生态用地规模，人多地少的矛盾仍将长时期存在。在此背景下，陡坡地被广泛开垦利用为耕地、林果地，高强度人类活动导致景观破碎复杂，侵蚀类型的多样性、侵蚀过程的复杂性、水土保持措施的综合性皆为世界之最，国外技术可借鉴者较少，且无法全盘照搬。此外，在新形式的人地关系下，传统的水土流失治理理念和技术在区域生态系统恢复方面稍显不足，亟需提质和升华。借此，以生态系统服务功能提升为主线，针对我省自然社会情况，将区域水土流失生态治理与特色生态林果培育和民生改善有机结合，通过水土流失综合治理提升区域生态服务功能，助力区域可持续发展。

# 2 湖南省水土流失的演变规律及驱动因子分析

## 2.1 背景

水土流失是一种由人类活动与多种自然因素共同造成的土地退化问题，具体表现为地表水土资源与生物资源的减少和损失。早在1994年，水土流失对土地的破坏就被《荒漠化公约》列为全球实现可持续发展面临的主要挑战之一，水土流失的防护与治理是一个迫在眉睫的环境难题。造成水土流失的因素是多元的，主要包括自然因素（如植被、降雨、地形和土壤等）和人为因素（如植被破坏、耕作制度不合理以及过度开矿采矿等对土地的不合理利用）。

随着社会与经济的发展以及人口的快速增长，我国水土流失问题日渐突出。植被覆盖度作为水土流失监测的主要参数，对区域土壤侵蚀量估算的准确度有重要影响。遥感技术的发展与应用为中、大尺度区域的植被覆盖度监测提供了可能。但植被覆盖度的实地测量仍存在野外调查工作量大、易受季节气候影响等困难。目前，我国有关植被覆盖度的研究多以中、小区域为主，以像元二分模型为基础，根据经验设定累计频率获取$NDVI_{veg}$值（被植被完全覆盖区域的*NDVI*值，*NDVI*即归一化差分植被指数）和$NDVI_{soil}$值（完全是裸土或无植被覆盖区域的*NDVI*值）对研究区植被覆盖度进行估算，有些学者还结合少量实测值加以验证。在省域尺度上，鲜有通过遥感影像资料与大量植被覆盖度实地测量成果相结合的方式来确定适合研究区的$NDVI_{veg}$和$NDVI_{soil}$值，以获得更高精度的植被覆盖与水土保持生物措施因子。

近年来，湖南省凭借多元化的经济发展模式跻身为我国中西部经济发展最迅速的省份之一。高速发展对环境水土资源造成过度消耗的同时，致使湖南省成为长江中下游地区水土流失较为严重的省份。我国有关水土流失的研究以东北黑土区和黄土高原区为主，针对南方的水土流失研究工作也有所进展，但在湖南省，多数研究时序较短，研究对象多为中、小区域，研究内容以年度监测为主，缺乏基于全省展开较长时期的水土流失动态变化和空间分析研究，湖南省水土流失研究工作任重而道远。参照相关水土流失模型，用上述因素的量化指标对研究区域范围内的土壤侵蚀量进行估算，是当前水土流失的主流研究方法。在计算研究区土壤侵蚀模数时，为了提高区域水土流失成果的准确性，应尽可能采用适合研究区各水土流失影响因子的赋值，对水土流失空间分布和动态变化进行分析。

## 2.2 技术路线及方法

以 RS（remote sensing，遥感）和 GIS（geographic information system，地理信息系统）为技术手段，结合遥感影像与地面实测数据对湖南省的水土流失现象进行长时期的定量计算和动态变化分析，可从省域的角度掌握湖南省水土流失空间变化数据和动态变化情况，有利于为今后该区域水土保持监测及生态环境建设工作提供参考。

基于多时相遥感影像、土地利用数据，数字高程模型（DEM）、气象等多源数据，综合运用 GIS、RS、CSLE（土壤侵蚀模型）模型模拟等技术方法对湖南省 2000 年、2010 年和 2020 年的水土流失进行估算，分析湖南省近 2000–2020 年水土流失演变规律。技术路线详见图 2–1，具体包括以下环节：

a. 实测获取野外调查样区的植被覆盖度。基于湖南省草地资源清查项目实测获得湖南省 48 个县（市、区）草、林地的植被覆盖度，草地有效样地为 823 处，林地有效样地为 962 处。该野外调查为全省 $B$ 因子估算精度的进一步提高提供了实测数据支撑。该实测方法主要有现场拍照、空间定位和人工实地测量植被覆盖度等环节。

b. 湖南省水土流失因子计算。参照 2018 年《区域水土流失动态监测技术规定（试行）》（下文简称《规定》），基于 CSLE 模型对数据的要求进行数据收集和预处理，选择适用于湖南省水土流失的影响因子和计算方法。具体包括：植被覆盖与生物措施因子 $B$、降雨侵蚀力因子 $R$、水土保持工程措施因子 $E$、耕作措施因子 $T$、坡长度因子 $LS$ 和土壤可蚀性因子 $K$。

c. 湖南省土壤侵蚀模数计算与侵蚀强度分级。湖南省土壤侵蚀模数可基于水土流失因子数据，利用 ArcGIS 软件根据 CSLE 模型计算得到。参照水利部发布的《土壤侵蚀分类分级标准（SL 190—2007）》（下文简称为《标准》），对湖南省水土流失进行侵蚀强度分级。

d. 湖南省水土流失动态变化规律特征分析。根据 3 个年度的土壤侵蚀模数平均值和土壤侵蚀强度分级结果，并与相应年份的《湖南省水土保持公报》（下文简称为《公报》）公布数据相比较，总结湖南省水土流失在空间上呈现的规律特征，同时对近 20 年来水土流失动态变化情况进行分析。

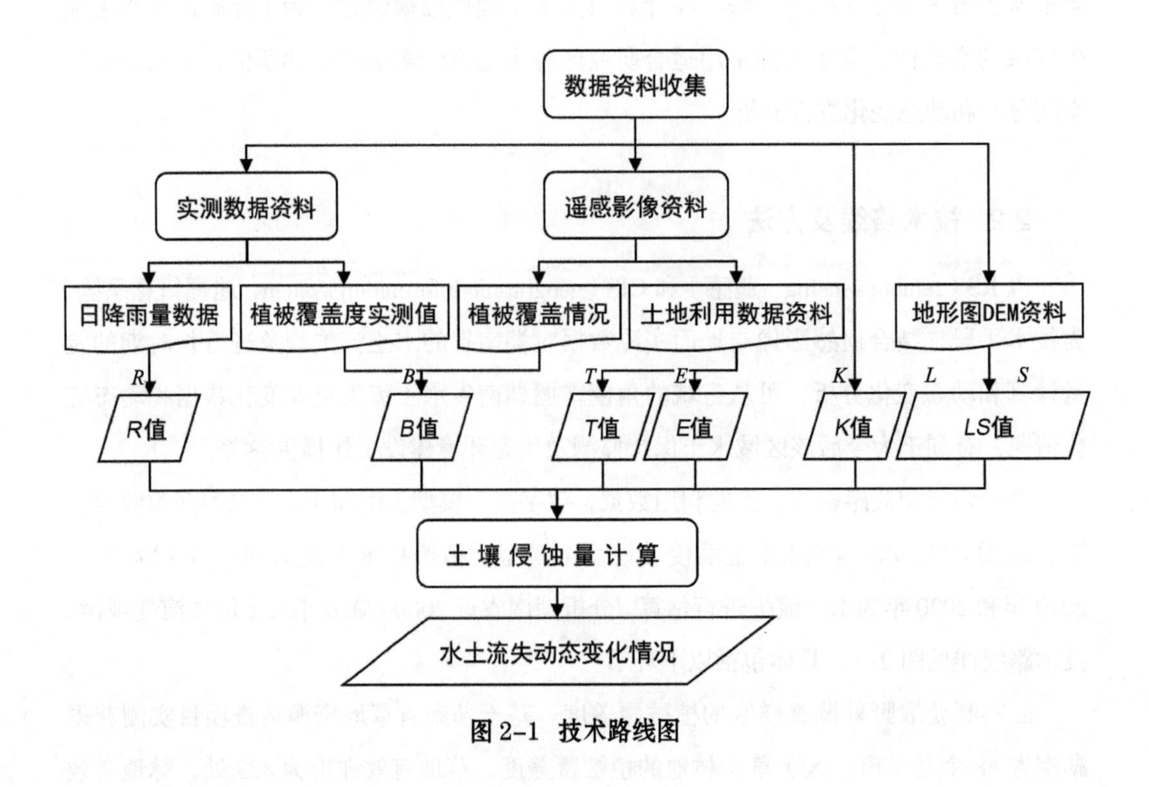


图 2–1 技术路线图

## 2.3 湖南省概况

### 2.3.1 地理位置

湖南省位于长江中游南部，地处东经 108°47′~114°14′，北纬 24°38′~30°08′，省境绝大部分在洞庭湖以南，故称湖南。由于湘江贯穿东部，简称湘（图 2–2），东与江西交界，西南以云贵高原东缘连贵州，西北以武夷山脉毗邻四川，南与广东、广西相邻，北以滨湖平原与湖北接壤。省界极端位置，东起桂东县黄连坪，西至新晃侗族自治县韭菜塘，南起江华瑶族自治县姑婆山，北达石门县壶瓶山。省境东西宽 667 km，南北长 774 km，土地总面积 21.18 万 km$^2$，占全国土地总面积的 2.2%，在全国省、直辖市、自治区中幅员位居第 10 位。境内有湘、资、沅、澧四水和洞庭湖水系，水网密布，特殊的地理及气候条件极易造成水土流失，引发滑坡、泥石流等灾害。

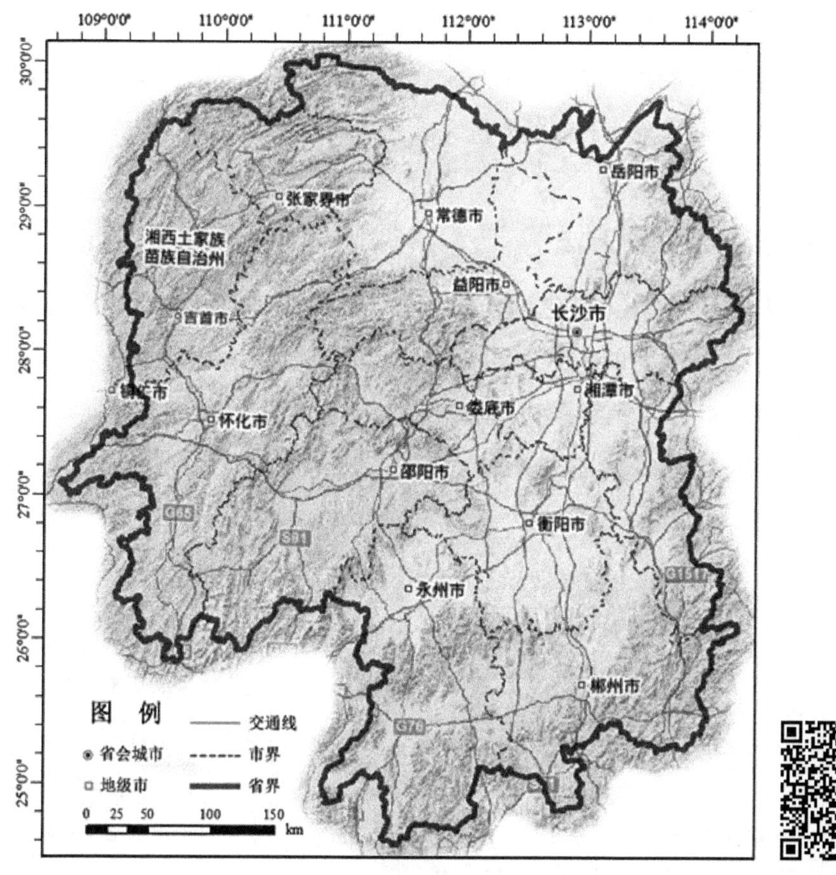

**图 2-2 区域位置图**

### 2.3.2 植被

湖南地处我国中南部，属于亚热带常绿阔叶林区，植被生物资源丰富，作为我国省域面积第十大省份，一方面，是我国东西植物区系的过渡区，省内植被种类丰富多样，植被覆盖较好，是我国的农业大省之一。另一方面，省内各地植被生长情况展现出较为明显的南北地区性差异，分为南岭山地常绿阔叶林、北部典型中亚热带常绿阔叶林两大植被带。

### 2.3.3 气候和降水

作为大陆性亚热带季风湿润气候，湖南具有丰富的光、热、水资源，其气候表现为冬季寒冷，夏季炎热。各地年均温一般在 16 ~ 19 ℃，最冷月一般为 1 月，冬季的月均温度高于 4 ℃；夏季均温为 26 ~ 29 ℃，部分地区可达 30 ℃左右。省内热量充足，热量条件比肩江西，与海南、广东、广西和福建四省自治区相比次之，优于其余各省市、自治区。

湖南省的降水主要为季风雨和锋面雨，受夏季暖湿气流和锋面影响降水变化较大，时空分布不均匀，降水量总体自湘东向湘西递减。一年当中降水主要集中在春夏两季（4—10月），为全年降水总量的七至八成。经统计，湖南省内多年平均年降水量在1200~1700 mm，属于我国降水充沛的省份之一。

## 2.4 数据资料及处理方法

数据主要为空间数据、非空间数据两大类。空间数据包括研究区2000年、2010年和2020年3个年度的土地利用数据和TM遥感影像数据；非空间数据包括湖南省1961—2020年的气象数据和植被覆盖数据等实测数据。数据处理工具包括ArcGIS10.7、ENVI5.1和Microsoft Excel 2016等。表2-1为所用数据的说明。本文空间数据所采用的分辨率均为30 m × 30 m，坐标系统为WGS84。

**表2-1 湖南省水土流失动态变化研究基础数据**

| 数据项 | 数据内容与空间分辨率 | 数据格式 | 数据来源 |
|---|---|---|---|
| 植被 | 湖南省林地、草地样地植被覆盖度实测数据 | xlsx | 湖南省草地资源清查项目 |
| 降雨 | 1961—2020年97个雨量站日降雨量数据 | txt | 湖南省气象防灾减灾重点实验室 |
| 土壤 | 湖南省土壤可蚀性因子数据，30 m | grid | 中国科学院水土保持研究所 |
| 地形 | 湖南省DEM数据，30 m | grid | 中国科学院水土保持研究所 |
| 遥感影像 | 2000、2010、2020年Landsat_TM影像，30 m | tiff | 地理空间数据云平台 |
| 土地利用类型 | 2000、2010、2020年土地利用栅格图，30 m | tiff | GLOBELAND30网站 |

### 2.4.1 植被覆盖度实测数据

湖南省草地资源清查项目对湖南省48个县（市、区）林、草地植被覆盖度进行了实地调查和测量。其中草地样地调查表的内容主要包括经纬度、样地所在行政区、草地类、草地型、植被覆盖度等；非草地类样地调查表（林地为主）的内容主要为经纬度、样地所在行政区、树木郁闭度和地类情况说明等。研究区全部野外调查点如图2-3所示。

对各县（市、区）样地调查表进行汇总后，在ArcGIS软件中提取影像*NDVI*（normalized difference vegetation index，归一化差分植被指数）值至样地点，结合植被覆盖度实测值与由影像*NDVI*值计算得到的植被覆盖度估算值的对比结果，确定合适的$NDVI_{max}$和$NDVI_{min}$值作为计算全省植被覆盖度的$NDVI_{veg}$和$NDVI_{soil}$参数值，并通过其他组实测数据进行校验。经过比较发现，适用于本文研究遥感数据的和参数值分别为取累积频率为80%与0.5%的*NDVI*值。参照《标准》对各地类*B*因子进行计算，合并各地类*B*因子栅格图，得到全省*B*值栅格图。

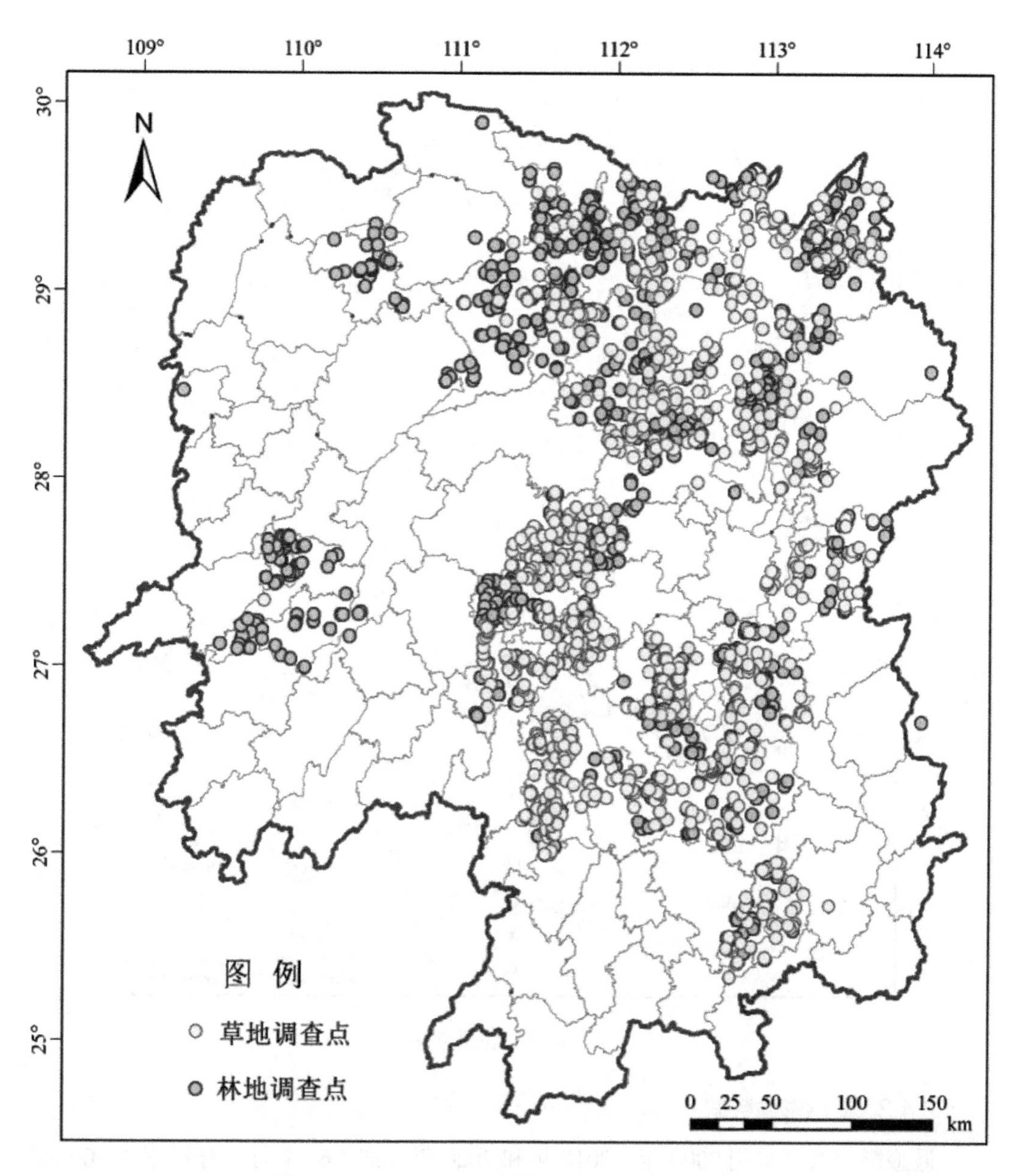


图 2-3 湖南省植被覆盖度野外调查点分布汇总图

### 2.4.2 气象数据

获取的气象数据时间序列越长，越具有统计意义。采用湖南省气象防灾减灾重点实验室提供的湖南省 1961—2020 年共 97 个雨量站（图 2-4）的日降雨数据计算降雨侵蚀力，对湖南省近 60 年中的多年平均降雨侵蚀力值进行插值获取湖南省多年平均降雨侵蚀力因子 $R$ 值栅格图。

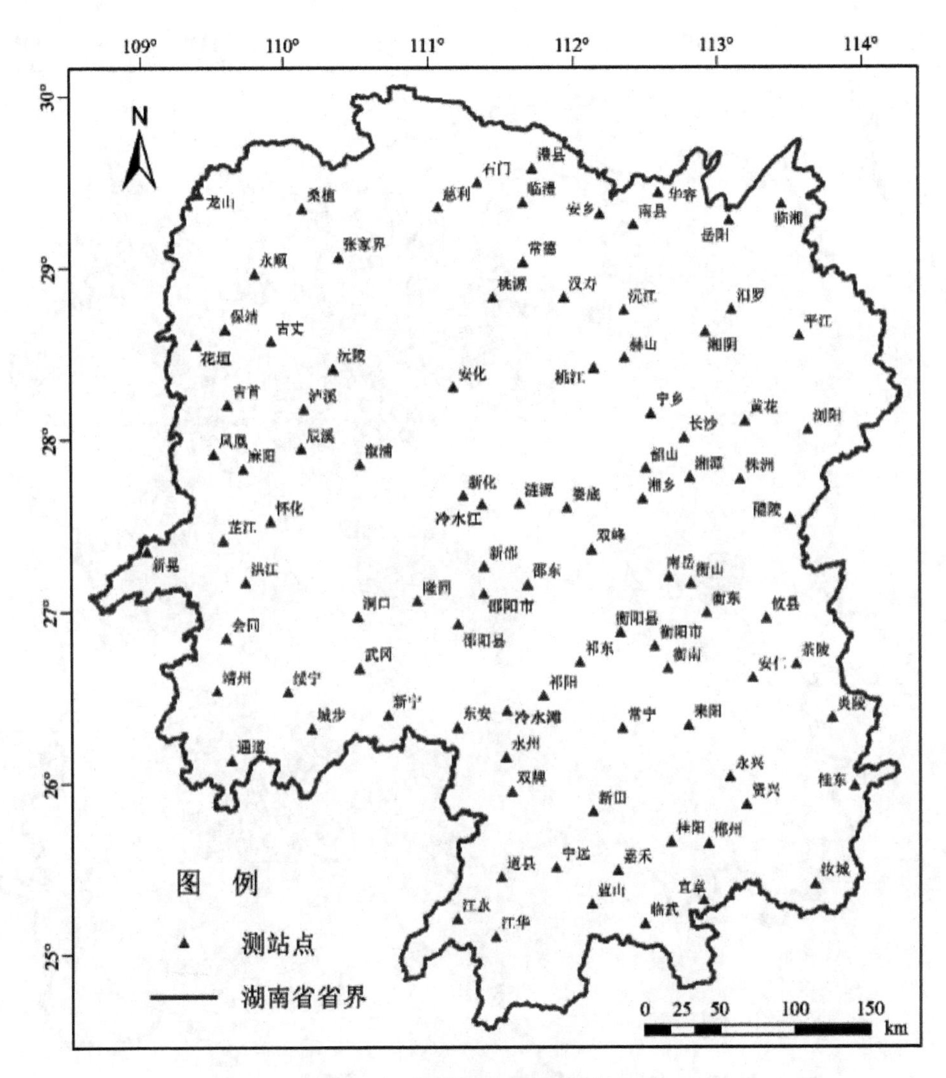


图 2-4 湖南省各雨量站分布

### 2.4.3 遥感影像数据

遥感影像数据采用 2000 年、2010 年和 2020 年暑期（6—9 月）分辨率为 30 m 的 Landsat 系列遥感影像，数据源自地理空间数据云平台（www.gscloud.cn）。选择分幅影像时以云量＜ 2% 为筛选条件，所获影像总体质量较高。2000 年共下载 20 景，行列号对应如下：122/040、122/041、122/042、123/039、123/040、123/041、123/042、123/043、124/039、124/040、124/041、124/042、124/043、125/039、125/040、125/041、125/042、126/039、126/040、126/041。2010 和 2020 年较 2000 年共需 18 景，不包括之前的 122/040、122/041。解压提取红外和近红外两个波段影像，借助 ENVI 软件完成各年份的分幅影像直方图匹配和镶嵌拼接工作。在 ArcGIS 软件中计算得到 NDVI 数据，用于进一步计算 $B$ 值。

### 2.4.4 土地利用数据

2000 年、2010 年和 2020 年 3 个年度的湖南省土地利用数据源自全球地表覆盖 GLOBELAND30（www.globallandcover.com）。湖南省土地利用类型共分为 7 类，分别是耕地、林地、草地、湿地、水体、人造地表和裸地。

### 2.4.5 其他数据

土壤可蚀性因子数据由中科院水土保持研究所刘宝元教授团队提供，通过掩膜直接获得全省的 $K$ 因子值栅格图。坡长坡度因子数据利用西北农林科技大学张宏鸣教授开发的 $LS$ 提取工具提取得到。

## 2.5 水土流失定量估算方法

湖南省属于水力侵蚀地区，采用中国土壤流失方程 CSLE 模型计算湖南省土壤侵蚀模数。该模型是刘宝元团队根据我国实际情况修正提出的适用中国水土保持监测的经验模型。方程的基本形式如下：

$$A=R\cdot K\cdot L\cdot S\cdot B\cdot E\cdot T \tag{2-1}$$

式中，$A$ 为土壤侵蚀模数，单位为 t/（hm² · a）；$R$ 为降雨侵蚀力因子，单位为 MJ · mm/（hm² · h · a）；$K$ 为土壤可蚀性因子，单位为 t · hm² · h/（hm² · MJ · mm）；$LS$ 为坡长坡度因子（地形因子），无量纲；$B$ 为植被覆盖与生物措施因子，无量纲；$E$ 为水土保持工程措施因子，无量纲；$T$ 为耕作措施因子，无量纲。各因子计算方法如下。

（1）降雨侵蚀力因子 $R$

参考殷水清提出的半月降雨侵蚀力公式，分冷暖两季对湖南省近 60 年来总计 97 个雨量站的日降雨量数据进行计算，$R$ 值由 24 个多年半月平均降雨侵蚀力数据相加得到。在 ArcGIS 软件中根据站点经纬度生成站点的点矢量图，通过克里金插值法，获得湖南省多年平均降雨侵蚀力栅格图。

$$\overline{R}=\sum_{k=1}^{24}\overline{R}_{\text{半月}k} \tag{2-2}$$

$$\overline{R}_{\text{半月}k}=\frac{1}{N}\sum_{i=1}^{n}\sum_{j=0}^{m}\left(a\cdot P_{i,j,k}^{1.7265}\right) \tag{2-3}$$

式中，$\overline{R}$ 为多年平均降雨侵蚀力，单位为 MJ · mm/（hm²·h·a）；$k$ 取 1,2，…，24，指将一年划分为 24 个半月；$\overline{R}_{\text{半月}k}$ 为第 $k$ 个半月的降雨侵蚀力，单位为 MJ·mm/( hm²·h )；$i$ 取 1,2，…，$N$（$N$ 指 1961—2020 年的时间序列）；$j$ 取 1,2，…，$m$（$m$ 指第 $i$ 年第 $k$

个半月内侵蚀性降雨日的数量，日降雨量大于等于 10 mm 称为侵蚀日）；$P_{i,j,k}^{1.7265}$ 为第 $i$ 年第 $k$ 个半月第 $j$ 个侵蚀性降雨量，单位为 mm；$\alpha$ 为参数，无量纲，暖季（5~9 月）$\alpha$ 取 0.3937，冷季（10~12 月，1~4 月）$\alpha$ 取 0.3101。

（2）土壤可蚀性因子 $K$

土壤可蚀性因子数据由中国科学院水土保持研究所刘宝元教授团队提供，通过 ArcGIS 软件中的掩膜裁剪工具获得研究区范围的土壤可蚀性因子 $K$ 值栅格数据。

（3）坡长坡度因子 $LS$

基于 DEM 数据采用西北农林科技大学张宏鸣教授团队开发的 $LS$ 提取工具提取得到坡长坡度因子。

（4）植被覆盖与生物措施因子 $B$

植被覆盖度作为影响水土流失的重要因素之一，其精确度对于区域水土流失的准确估算具有重要意义。采用归一化植被指数模型定量估算研究区植被覆盖度，在对湖南省 48 个县（市、区）林、草地植被覆盖度进行大规模实地调研的基础上结合遥感影像，实现对 $NDVI_{veg}$ 和 $NDVI_{soil}$ 两个重要参数的精确推导，完成全省范围植被覆盖度的估算，进而计算 $B$ 值。

① 计算归一化植被指数（$NDVI$）。利用 ArcGIS 对预处理后的遥感影像数据进行归一化植被指数的计算，生成 $NDVI$ 值栅格图层，具体计算公式如式（2–4）所示。

$$NDVI = \frac{NIR - R}{NIR + R} \tag{2–4}$$

式中，$NDVI$ 为归一化植被指数；$NIR$ 为近红外波段的反射率；$R$ 为可见光红波波段的反射率。

② 根据 $NDVI$ 值计算植被覆盖度。参照像元二分模型，把各像元 $NDVI$ 值看作是 $NDVI_{veg}$ 和 $NDVI_{soil}$ 的加权平均。将 $NDVI$ 代入后，得到公式（2–5）：

$$FVC = \frac{NDVI - NDVI_{soil}}{NDVI_{veg} - NDVI_{soil}} \tag{2–5}$$

式中，$FVC$ 为植被覆盖度；$NDVI$ 为像元 $NDVI$ 值；$NDVI_{veg}$ 为纯植被像元的 $NDVI$ 值；$NDVI_{soil}$ 为裸地或无植被覆盖区域的 $NDVI$ 值。

③ 确定 $NDVI_{soil}$ 和 $NDVI_{veg}$ 取值。从理论上讲，$NDVI_{soil}$ 在取值上为零或接近零，$NDVI_{veg}$ 是研究区 $NDVI$ 栅格影像的最大值。受到植被类型、大气条件等诸多因素的影响，两者往往会随时空条件的不同发生变化，需要根据不同研究区的植被生长情况进行重

新定义。现有关于植被覆盖度的研究缺乏实测数据或实测数据较少，大多凭经验给定置信区间获得 $NDVI_{veg}$ 和 $NDVI_{soil}$ 值。湖南省作为我国的农业大省，植被长势好，应用传统方法计算获得的植被覆盖度与实际有较大出入。为了得到更为精确的 $NDVI_{soil}$ 和 $NDVI_{veg}$ 值，湖南省草地资源清查项目于2018—2019年对湖南省48个县（市、区）的草、林地植被覆盖率进行了大量的实地调查工作，其中草地共有823组实测数据，林地共有962组实测数据。结合遥感影像计算得到的植被覆盖度估算值确定湖南省 $NDVI_{max}$ 和 $NDVI_{min}$ 取值约在置信区间80%和0.5%处。

④ 计算植被覆盖与生物措施因子。依据《规定》附录7中植被覆盖与生物措施因子 *B* 的计算公式，林、草地的 *B* 值采用公式5计算获得。

（5）水土保持工程措施因子 *E*

湖南省的水土保持工程措施以土坎水平梯田措施为主，本次评价没有考虑其他水土保持措施。根据《规定》的 *E* 因子赋值表，对耕地的 *E* 因子赋值为0.084，其余用地类别视作无水土保持工程措施，直接赋值为1。

（6）耕作措施因子 *T*

参照《中国耕作制度区划县（市）名录》，湖南省122个县（市、区）中共有15个县（市、区）属川鄂湘黔低高原山地水田旱地两熟兼一熟区，19个县（市、区）属沿江平原丘陵水田旱三熟二熟区，70个县（市、区）属两湖平原丘陵水田中三熟二熟区，18个县（市、区）属南岭丘陵山地水田旱地二熟三熟区。各县（市、区）耕地的 *T* 因子值按表2-2分别赋值，其他用地类型赋值为1。

**表2-2　耕作措施因子 *T* 赋值表**

| 一级区 | 一级区名 | 二级区 | 二级区名 | *T* 因子值 |
|---|---|---|---|---|
| 07 | 西南中高原山地旱地二熟一熟水田二熟区 | 72 | 川鄂湘黔低高原山地水田旱地两熟兼一熟区 | 0.396 |
| 10 | 长江中下游平原丘陵水田三熟二熟区 | 101 | 沿江平原丘陵水田旱三熟二熟区 | 0.338 |
| | | 102 | 两湖平原丘陵水田中三熟二熟区 | 0.312 |
| 11 | 东南丘陵山地水田旱地二熟三熟区 | 112 | 南岭丘陵山地水田旱地二熟三熟区 | 0.338 |

将湖南省近60年平均降雨侵蚀因子 *R* 和其他各因子的计算结果代入CSLE模型方程式中计算得到土壤侵蚀模数，根据土壤强度分类分级标准将土壤侵蚀分为六个等级：微度、轻度、中度、强烈、极强烈和剧烈。在实际评价时，因湖南地区以水力侵蚀为主，在微度侵蚀，即侵蚀模数小于500 t/（$km^2 \cdot a$）时，视为自然条件下发生侵蚀，此范围内属于容许流失量，不纳入水土流失面积统计。统计微度以上侵蚀强度等级的面积为水土流失面积。

## 2.6 湖南省水土流失影响因子计算结果分析

### 2.6.1 多年平均降雨侵蚀力因子 *R*

降雨过程中常伴有雨滴击溅、地表径流冲刷现象发生，易对土壤、成土母质和其余地表物质造成破坏和剥蚀。与其他因子基础数据相比，日降雨量数据难以获得且整理计算过程繁杂。采用湖南省 1961—2020 年 97 个站点（图 2–5）的日降雨量资料。经统计，湖南省多年平均降水量超过 1700 mm 的站点共有 2 个，其中位于湖南雪峰山支脉芙蓉山附近的安化站多年平均降水量最高，为 1726 mm；位于罗霄山脉东侧的桂东站次之，为 1705 mm。多年平均降水量在 1500~1600 mm 的共有 12 个站点，在 1400~1500 mm 的共有 34 个站点，在 1300~1400 mm 的共计有 35 个站点。此外，共有 14 个站点的多年平均降水量在 1300 mm 以下，新晃站的多年平均降水量最少，仅为 1171 mm。

注：1– 龙山站，2– 桑植站，3– 张家界站，4– 石门站，5– 慈利站，6– 澧县站，7– 临澧站，8– 南县站，9– 华容站，10– 安乡站，11– 岳阳站，12– 临湘站，13– 花垣站，14– 保靖站，15– 永顺站，16– 古丈站，17– 吉首站，18– 沅陵站，19– 泸溪站，20– 辰溪站，21– 桃源站，22– 常德站，23– 汉寿站，24– 桃江站，25– 安化站，26– 沅江站，27– 湘阴站，28– 赫山站，29– 宁乡站，30– 马坡岭站，31– 汨罗站，32– 平江站，33– 长沙站，34– 浏阳站，35– 凤凰站，36– 麻阳站，37– 新晃站，38– 芷江站，39– 怀化站，40– 溆浦站，41– 洪江站，42– 洞口站，43– 冷水江站，44– 新化站，45– 涟源站，46– 娄底站，47– 邵阳市站，48– 隆回站，49– 新邵站，50– 邵东站，51– 韶山站，52– 湘乡站，53– 湘潭站，54– 双峰站，55– 南岳站，56– 衡山站，57– 衡东站，58– 攸县站，59– 株洲站，60– 醴陵站，61– 靖州站，62– 会同站，63– 通道站，64– 绥宁站，65– 新宁站，66– 武冈站，67– 城步站，68– 邵阳县站，69– 冷水滩站，70– 永州站，71– 东安站，72– 祁阳站，73– 祁东站，74– 衡阳县站，75– 衡阳市站，76– 常宁站，77– 衡南站，78– 耒阳站，79– 安仁站，80– 茶陵站，81– 炎陵站，82– 永兴站，83– 桂东站，84– 双牌站，85– 道县站，86– 宁远站，87– 江永站，88– 新田站，89– 郴州站，90– 桂阳站，91– 嘉禾站，92– 蓝山站，93– 宜章站，94– 临武站，95– 资兴站，96– 汝城站，97– 江华站。

**图 2–5 湖南省各雨量站 1961—2020 年多年平均降水量**

计算获得湖南省各站点降雨侵蚀力因子 *R* 值（图 2–6），插值分析后得到湖南省 *R* 值栅格图（图 2–7）。湖南省近 60 年降雨侵蚀力因子 *R* 平均值为 5764.685，其中降雨侵蚀力最强的雨量站为安化站，*R* 值高达 7922，安化站也是多年降水量最多的站点。另一个降雨侵蚀力大于 7000 的站点是临湘站，*R* 值为 7592，临湘市多暴雨，且侵蚀性降水大多集中在夏季（5—8 月）。$R$ 值在 6000~7000 的站点共计 23 个，剩下共有 56 个站点的 $R$ 值集中在 5000~6000 。16 个 $R$ 值小于 5000 的站点中，城步站 $R$ 值最小，仅为 4090 ，城步苗族自治县的东西方向上耸立着雪峰山脉，南方占据着南岭山脉，形成三面环山的地势，北面又多丘陵，降水多为冬季的锋面雨，夏季较其他站点降水较少，降雨侵蚀力较小。

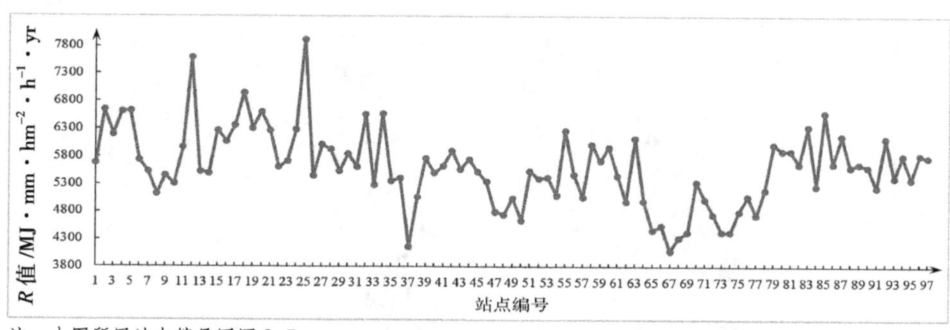


注：本图所用站点编号同图 2-5。

**图 2-6 湖南省各站点多年平均降雨侵蚀力**

湖南省多年年均降雨侵蚀力地区差异较大，见图 2-7。全省降雨侵蚀力的空间分布形成三个高值中心：雪峰山北端，沅资水下游，其中安化为该区的极值中心；湘东北，极值位于湘鄂赣三省交界地区的临湘、浏阳和平江；南岭山地，该区位于湘粤交界的南岭和湘东南的湘赣交界的罗霄山，其中道县、桂东、江永、江华为该区高值中心。降雨侵蚀力较小的地区主要分为四大片区：湘西（凤凰、麻阳）、湘西北沅水上游地区（新晃）、衡邵盆地（衡阳县、邵阳县）、洞庭湖湖区（南县）。

### 2.6.2 土壤可蚀性因子 $K$

湖南省土壤可蚀性因子 $K$ 平均值为 0.0042 $t \cdot hm^2 \cdot h/(hm^2 \cdot MJ \cdot m)$ ，土壤受侵蚀可能性最高的区域为湘北洞庭湖流域的西北部和湘西部分地区，$K$ 因子最大值达 0.0093

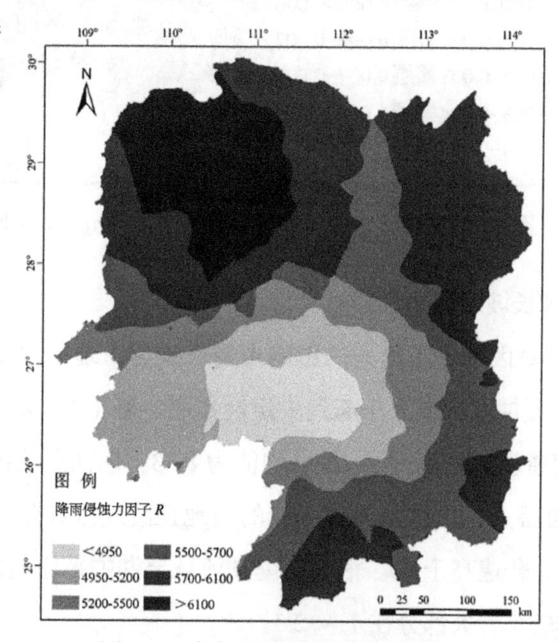


**图 2-7 多年平均降雨侵蚀力因子 $R$/（$MJ \cdot mm \cdot hm^{-2} \cdot h^{-1} \cdot yr^{-1}$）**

$t \cdot hm^2 \cdot h/(hm^2 \cdot MJ \cdot m)$，如图 2-8 所示。

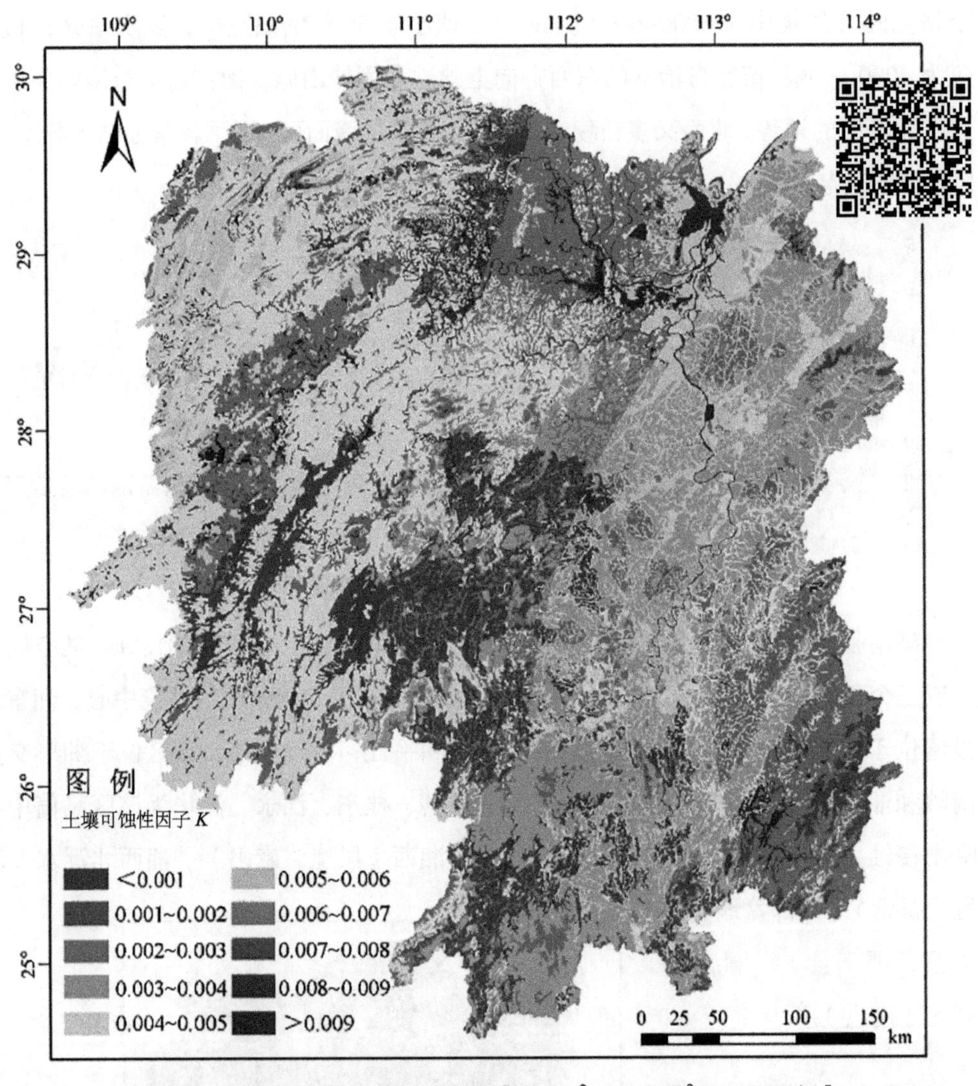


**图 2-8 湖南省土壤可蚀性因子 *K*/ [ $t \cdot hm^2 \cdot h/(hm^2 \cdot MJ \cdot m)$ ]**

### 2.6.3 坡长坡度因子 *LS*

坡长坡度对区域水土流失的影响主要表现为对地面水流的流向和流速的影响，和 *R* 因子共同对侵蚀性水流大小起到决定性作用。基于 DEM 提取的坡长坡度因子结果见图 2-9。湖南省坡长坡度因子 *LS* 平均值为 8.83。湘西武陵山脉、雪峰山脉等山区周边地区，湘东自幕连九山脉至南岭一线的山地丘陵地区和阳明山附近区域的坡长坡度因子 *LS* 值较大，普遍高于 40。湘北洞庭湖流域至湘中平原地区地势较平缓，坡长坡度因子 *LS* 值相对较小，大部分在 1 ~ 2.5。

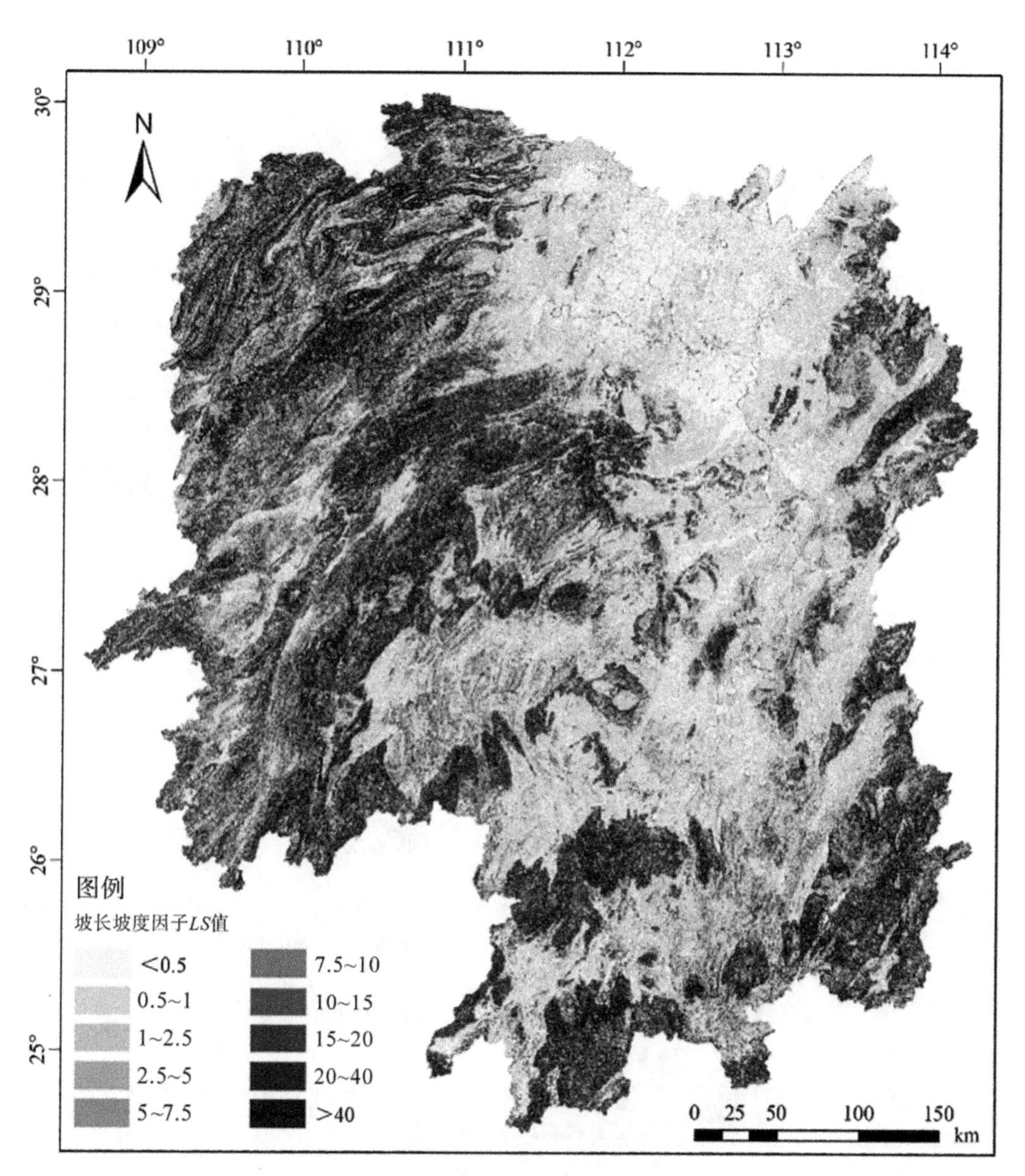


**图 2-9 湖南省坡长坡度因子 *LS***

### 2.6.4 植被覆盖与生物措施因子 *B*

2000 年、2010 年和 2020 年提取的地表植被覆盖与生物措施因子 *B* 见图 2-10。湖南省 2000 年、2010 年和 2020 年的植被覆盖与生物措施因子 *B* 年均值分别为 0.3190、0.3203、0.3090，呈现先增加后减少的趋势变化。

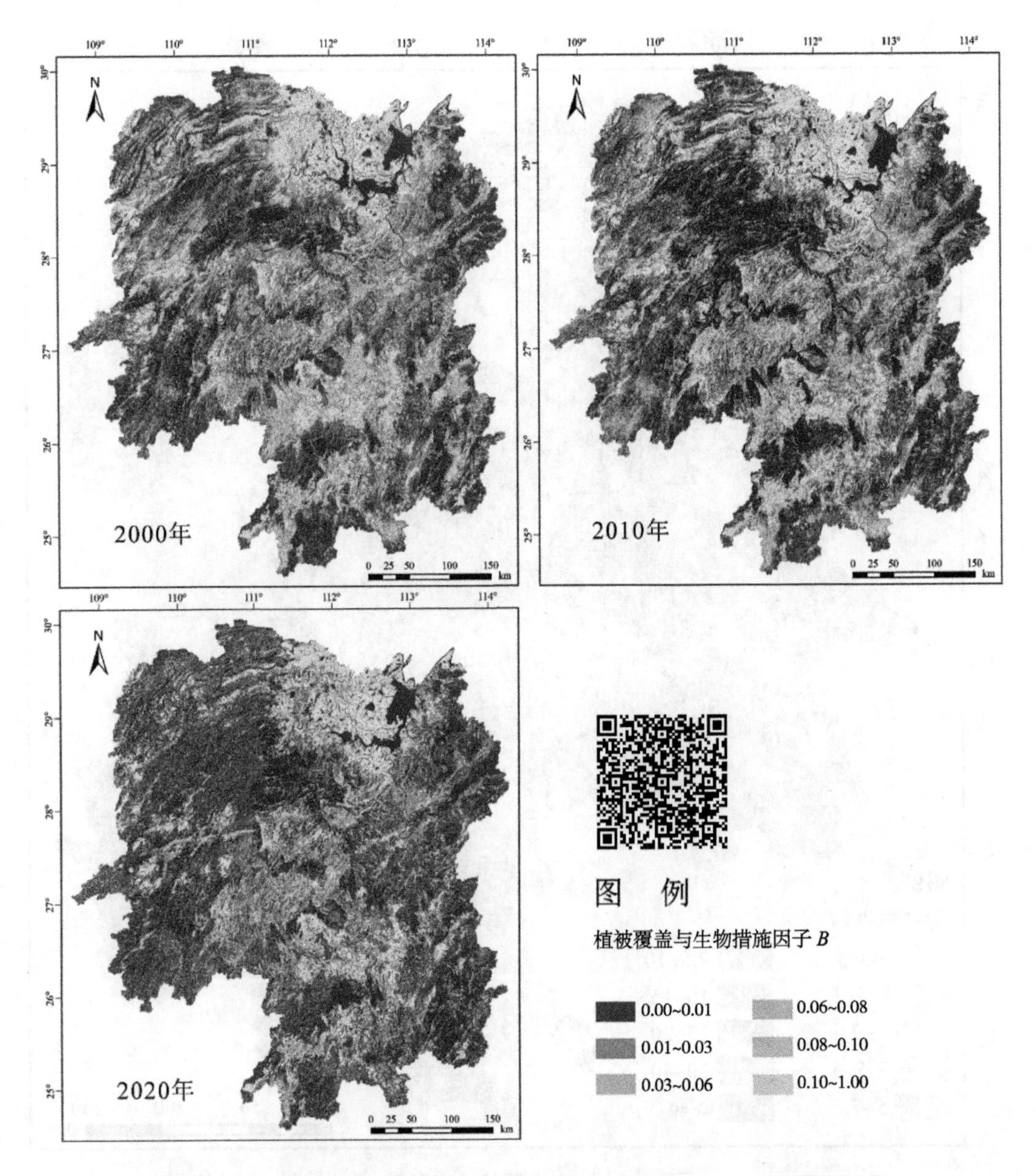


**图 2-10　湖南省 2000 年、2010 年和 2020 年植被覆盖与生物措施因子 *B***

对比三期土地利用数据发现，2000 年林、草地面积总占比为 64.91%，2010 年为 65.16%，2020 年为 63.72%。2020 年林、草地面积总占比较 2010 年减少了 1.44%，其中林地面积减少了 1.1%，为面积占比减少的主要地类，草地面积减少了 0.35%。《湖南省统计年鉴》中公布湖南省 2000 年、2010 年和 2020 年三个年度的森林覆盖度分别为 52.44%、57.01% 和 59.90%。本文所用土地利用数据因遥感解译等过程存在误差，导致与《湖南省统计年鉴》数据存在不一致。耕地是湖南省土地利用数据中面积占比第二的用地类别，2000 年到 2020 年呈先增加后减少的趋势，2020 年耕地面积占比较 2010 年少了 0.59%。按照规程耕地的 $B$ 值被直接赋值 1，对 $B$ 因子计算结果有一定的影响作用。湿地、水体、人造地表和裸地的面积占比增幅较小，总占比最高的 2020 年仅为 6.18%。受到近年城市建设的影响，人造地表面积占比逐年增加。水体与湿地的面积占比呈反向变化，水体面积占比变化趋势为先减少后增加，湿地则为先增加后减少。前 10 年间，未利用土地面积占比基本保持不变，占比均为 0.0009%；后 10 年间，未利用土地面积占比呈小幅度增加趋势，增长为 0.0082%，如表 2–3 所示。

**表 2–3 湖南省 3 个年度土地利用面积和占比**

| 用地类别 | 2000 年 | | 2010 年 | | 2020 年 | |
|---|---|---|---|---|---|---|
| | 面积 /km² | 占比 /% | 面积 /km² | 占比 /% | 面积 /km² | 占比 /% |
| 耕地 | 64801.1376 | 30.6046 | 64959.0840 | 30.6752 | 63720.2457 | 30.0874 |
| 林地 | 120542.8005 | 56.9306 | 120796.7211 | 57.0533 | 118477.3572 | 55.9653 |
| 草地 | 16891.3053 | 7.9775 | 17167.8960 | 8.1083 | 16427.7801 | 7.7588 |
| 湿地 | 699.2010 | 0.3302 | 870.3108 | 0.4110 | 461.4399 | 0.2176 |
| 水体 | 6414.5655 | 3.0295 | 5390.8785 | 2.5470 | 6746.9526 | 3.1859 |
| 人造地表 | 2385.5040 | 1.1266 | 2549.4966 | 1.2039 | 5879.0808 | 2.7744 |
| 裸地 | 1.9818 | 0.0009 | 1.9827 | 0.0009 | 17.2944 | 0.0082 |
| 总和 | 211736.4957 | 100.0000 | 211736.3697 | 100.0000 | 211730.1507 | 100.0000 |

湖南省的土地利用类型以林地为主，有较好的植被覆盖基础。$B$ 值较小的地区主要分布在各水系和山地丘陵等植被生长茂盛地区。湘东北和湘中等海拔相对较低的平原地区的 $B$ 值普遍较高，这部分地区的用地类型主要为耕地，人类活动频繁。从整体来说，植被覆盖与生物措施因子对水土流失程度的影响与该地区的耕地政策和经济社会发展进程有着密不可分的联系。

### 2.6.5 水土保持工程措施因子 $E$

湖南省 2000 年、2010 年和 2020 年的水土保持工程措施因子 $E$ 平均值分别为 0.7197、0.7191 和 0.7244，详见图 2–11。湘东北至湘西南一线地区 $E$ 值较低，呈自西南向东北递减的趋势，湘东南和湘西北非耕地占比较高，$E$ 值多被赋值为 1。湖南省 2000 年、2010 年和 2020 年的耕地面积占比分别为 28.94%、28.67% 和 27.93%，与水土保持措施因子 $E$ 值的变化规律成反比。

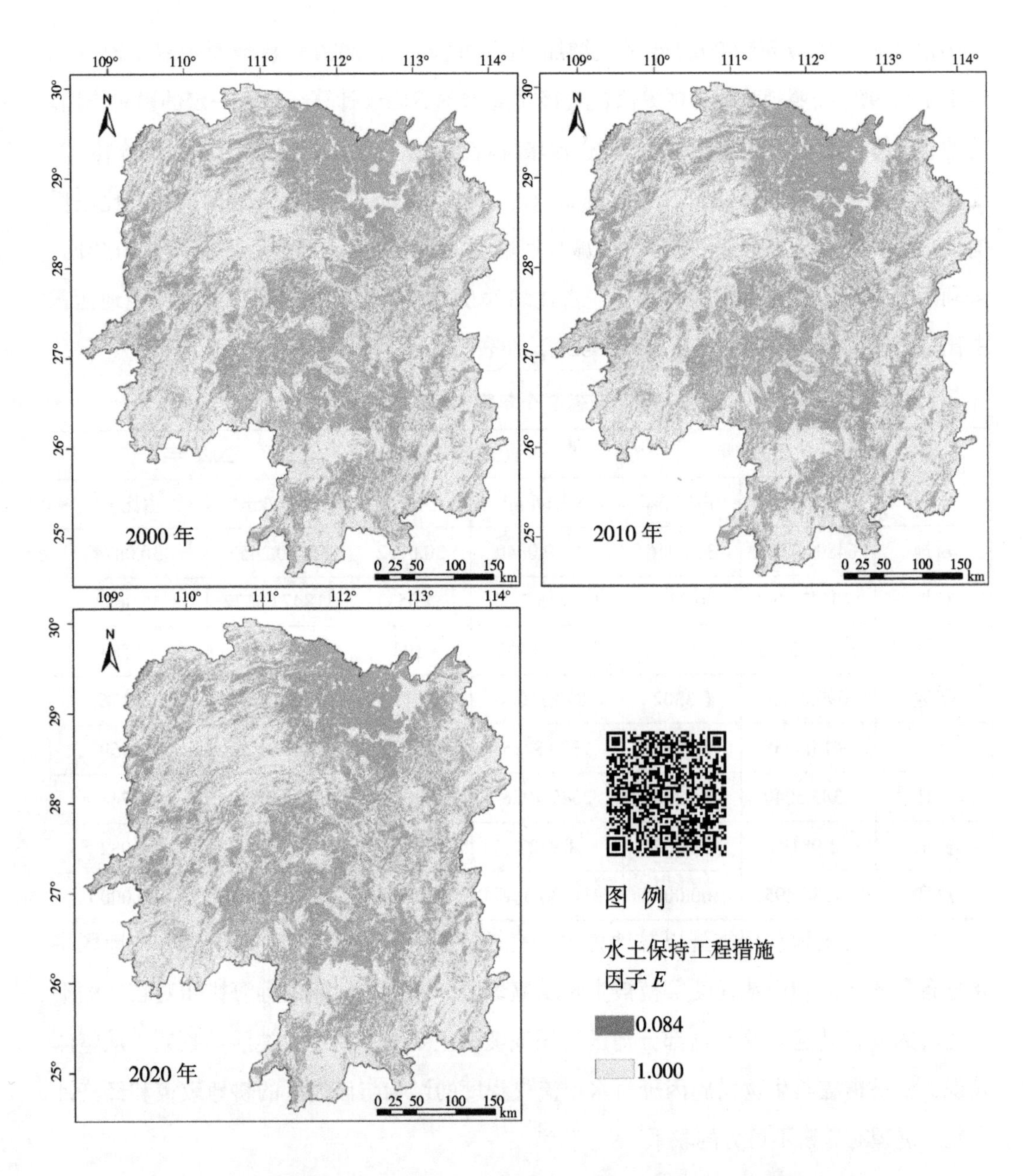


**图 2-11　湖南省 2000 年、2010 年和 2020 年水土保持工程措施因子 $E$**

### 2.6.6　耕作措施因子 $T$

2000—2020 年湖南省耕作措施因子 $T$ 值总体变化不大，具体数值如下：2000 年 $T$ 平均值为 0.7982，2010 年为 0.7944，2020 年为 0.7982，见图 2-12。因受耕作措施因子赋值规则的影响，湖南省各行政区的耕地面积变化对 $T$ 因子值有直接的影响作用。

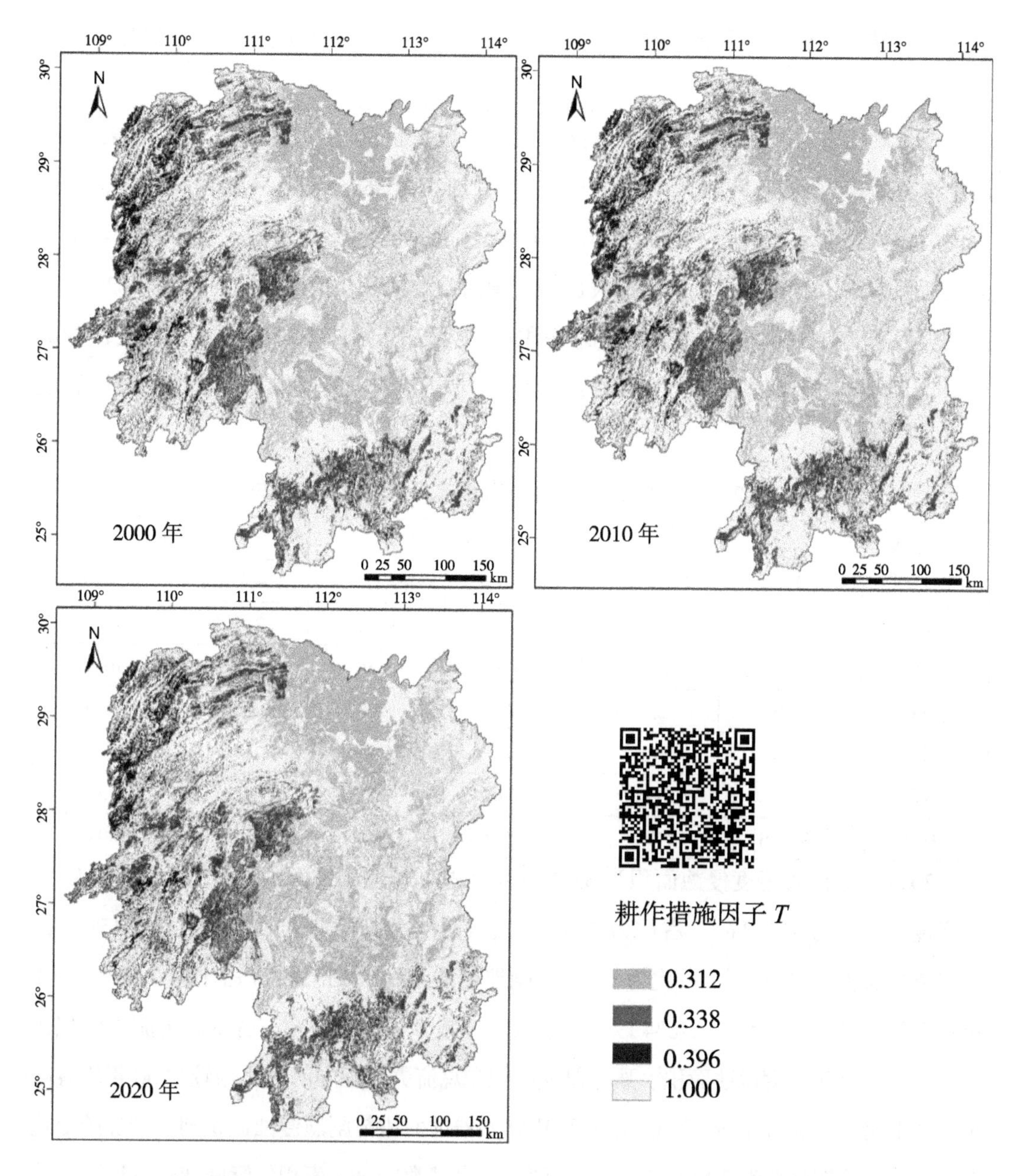


**图 2-12 湖南省 2000 年、2010 年和 2020 年耕作措施因子** $T$

## 2.7 湖南省水土流失动态变化特征分析

利用各土壤侵蚀因子栅格数据，在 ArcGIS 软件中根据 CSLE 模型完成 3 个研究年份土壤侵蚀模数的计算，根据土壤侵蚀分类分级标准对土壤侵蚀模数进行分级。根据湖南省土壤侵蚀模数的计算结果，用 ArcGIS 进行空间分析，在实际评价时，因湖南地区以水力侵蚀为主，在微度侵蚀 <500 t/□km$^2$·a□ 条件下，视为自然条件下发生侵蚀，此范围内属于可允许流失量，统计水土流失面积时不统计该强度等级的面积。因此，

纳入湖南省水土流失面积的侵蚀强度共有 5 个等级，分别为轻度、中度、强烈、极强烈和剧烈。

统计湖南省水土流失面积及各强度等级水土流失面积与占比（表 2–4），结果表明，湖南省总面积为 21.18 万 km$^2$，2000 年水土流失面积为 36458 km$^2$，2000 年水土流失面积占湖南省总面积比例为 17.21%，2010 年水土流失面积为 30852 km$^2$，较 2000 年水土流失面积减少了 5606 km$^2$，水土流失面积占湖南省总面积比例为 14.57%，而 2020 年水土流失面积为 26168 km$^2$，占湖南省总面积比例为 12.36%，较 2010 年水土流失面积减少了 4684 km$^2$。数据表明 2000—2020 年湖南省水土流失面积呈现减少趋势，减少程度减缓。

**表 2–4　湖南省 3 个年度各强度等级水土流失面积与占比**

| 侵蚀强度分级 | 2000 年 | | 2010 年 | | 2020 年 | |
|---|---|---|---|---|---|---|
| | 面积 /km² | 占比 /% | 面积 /km² | 占比 /% | 面积 /km² | 占比 /% |
| 轻度 | 31953 | 87.65 | 27034 | 87.62 | 21961 | 83.92 |
| 中度 | 3176 | 8.71 | 2578 | 8.36 | 2789 | 10.66 |
| 强烈 | 785 | 2.15 | 642 | 2.08 | 833 | 3.18 |
| 极强烈 | 391 | 1.07 | 367 | 1.19 | 461 | 1.76 |
| 剧烈 | 153 | 0.42 | 231 | 0.75 | 124 | 0.47 |
| 总计 | 36458 | 100.00 | 30852 | 100.00 | 26168 | 100.00 |

2000 年湖南省轻度侵蚀面积为 31953 km$^2$，占总水土流失面积比最大，为 87.65%，中度侵蚀面积为 3176 km$^2$，占比为 8.71%，强烈侵蚀面积为 785 km$^2$，占比为 2.15%，极强烈侵蚀面积为 391 km$^2$，占比为 1.07%，剧烈侵蚀面积为 153 km$^2$，占比为 0.42%。2010 年湖南省轻度侵蚀面积为 27034 km$^2$，较 2000 年减少了 4919 km$^2$，占总水土流失面积比为 87.62%，该年中度侵蚀面积、强烈侵蚀面积在总流失面积中的占比相较 2000 年均有减小，减少比例分别为 0.35% 和 0.07%；而极强烈侵蚀面积与剧烈侵蚀面积则呈增加的变化趋势，增加比例分别为 0.12% 和 0.33%，两者本身基数较小，面积年际间变化程度呈现较明显。2020 年湖南省轻度侵蚀面积为 21961 km$^2$，较 2000 年和 2010 年分别减少了 9992 km$^2$、5073 km$^2$，在总水土流失面积中的占比为 83.92%。其他侵蚀强度等级除剧烈侵蚀外的水土流失面积相较于 2010 年均有增加，增加量分别为 211 km$^2$、191 km$^2$ 和 94 km$^2$，剧烈侵蚀面积较 2010 年的水土面积的减少量为 107 km$^2$。

从 3 个年度各侵蚀强度等级水土流失变化来看，湖南省水土流失以中、轻度侵蚀为主，2000 年、2010 年和 2020 年中、轻度侵蚀水土流水面积占比分别为 96.36%、95.98%、94.58%。从湖南省的水土流失面积变化来看，2000—2020 年全省侵蚀强度轻度以上的水土流失面积持续下降，水土流失有所减轻，得到有效控制。模型估算的湖南省水土流失面积变化趋势与《湖南省水土保持公报》发布数据的趋势相同，但是3个年度的水土流失面积估算值相较于公报中发布的水土流失面积偏小。这可能是因为在本文中采用的从GlobeLand30官网下载的土地利用数据各地类面积及变化与公布的统计数据有所出入。特别是，该土地利用数据中耕地数据没有进一步分为水田和旱地，水田有梯田措施，有些旱地没有梯田措施，导致估算的$E$值比实际偏小，进而可能导致水土流失面积估算结果偏小。

从县域整体水平上来看，3个年度的年均侵蚀模数小于湖南省容许土壤流失量，见图2–13。即分别属于3个年度微度侵蚀强度的共有101、103和105个县（市、区），主要集中在洞庭湖流域和湘中等地势较为平缓地区。属于轻度侵蚀的县（市、区）分别为21、19和17个，大多位于湘西北武陵山脉地区，相对海拔较高，属湖南省水土流失重点防护地区。

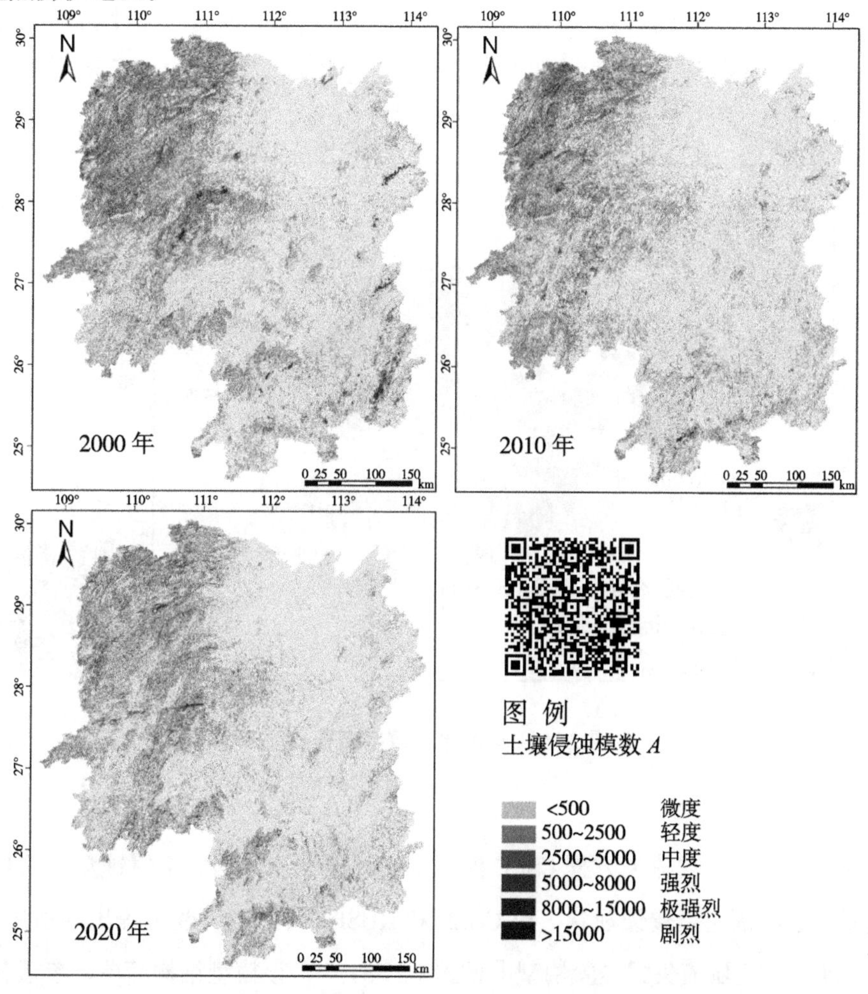


**图2–13 湖南省2000年、2010年、2020年土壤侵蚀模数$A$/（$t \cdot hm^{-2} \cdot a^{-1}$）**

## 2.8 典型小流域土壤侵蚀时空变化及驱动因子研究

为了更进一步在小流域范围内探讨土壤侵蚀时空变化及驱动机制，选取了基础资料相对详细的典型小流域蒸水，利用周边多个气象站 1961—2018 年的日降雨数据、多期土地利用数据、DEM 数据、遥感影像等，采用空间插值等方法，获得蒸水流域 1995 年、2000 年、2005 年、2010 年、2015 年 5 个年度土壤侵蚀影响因子图，利用 CSLE 模型定量估算 5 个年度流域的土壤侵蚀量，根据水利部土壤侵蚀分类分级标准确定蒸水流域的土壤侵蚀等级分布情况，分析 2000—2020 年的土壤侵蚀的时空变化特征。

### 2.8.1 流域概况

蒸水属洞庭湖水系湘江的一级支流，发源于邵东市简家陇镇与南岭山脉越城岭，流经衡阳县，于衡阳市石鼓书院旁石鼓咀草桥入湘江，流域介于 E 111°53′~ 112°37′，N 26°52′~27°10′，流域面积 3480 km²，河长 194 km，形状呈“乙”字形，河流坡降 0.54‰。北、东、南三面环山，山地丘陵为 2720 km²，约占流域总面积的 71%；中、下游地区为平原、低地，面积为 750 km²，约占总面积的 20%；其余为水域，如图 2-14 所示。

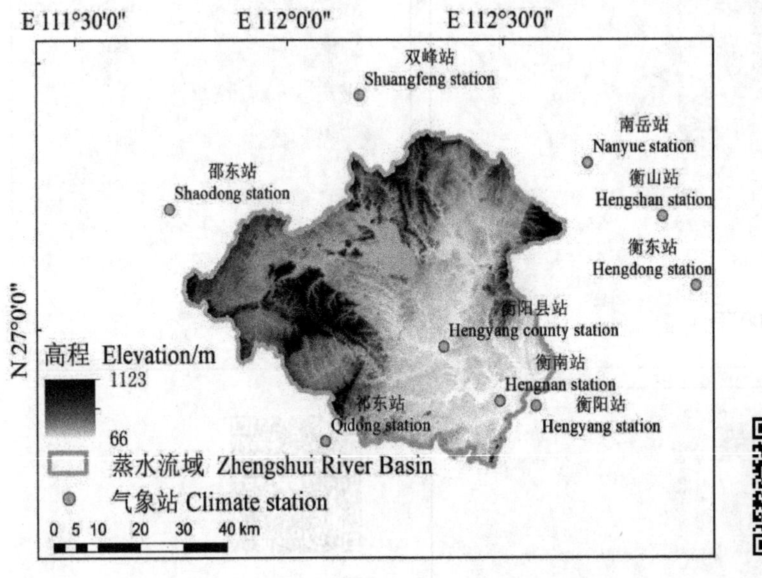

图 2-14 蒸水流域数字高程模型

### 2.8.2 数据与方法

研究采用中国土壤流失方程 CSLE 模型来估算蒸水流域的土壤侵蚀量，CSLE 模型是刘宝元基于我国土壤侵蚀现状，以 USLE 和 RUSLE 为原型，改进提出的适用于我国的预测坡耕地年土壤流失的经验模型［见式（2-1）］。该模型结构简单、参数要求低，也适用于沟壑纵横、山高坡陡地区。参考水利部办公厅文件办水保〔2018〕189号文件《关于印发区域水土流失动态监测技术规定（试行）的通知》及水利部监测中心颁布的技术规定：式（2-1）中 *R* 因子采用殷水清的利用冷暖季日雨量资料计算半月降雨侵蚀力公式，累加半月降雨侵蚀力得到年降雨侵蚀力，经过普通克里金空间插值后，形成蒸水流域降雨侵蚀力因子分布图。*K* 因子数据由中国科学院水土保持研究所刘宝元教授提供，计算方法采用国务院第一次全国水利普查计算 *K* 值的方法。*LS* 因子采用刘宝元的 CSLE 算法。

参照《区域水土流失动态监测技术规定（试行）》附录7的要求，并结合前人对 *B* 因子的研究和对华中区林下盖度的野外调查成果，得到不同用地类型的 *B* 值，其中林地和草地的 *B* 因子利用 TM 多光谱影像（1995—2010年利用 Landsat4-5 TM 卫星影像，2015年利用 Landsat 8 OLI_TIRS 卫星影像）中红外波段和近红外波段，计算归一化植被指数 *NDVI*，基于 *NDVI* 数据计算得到 30 m 空间分辨率的植被覆盖度 *FVC*（fractional vegetation cover）。

灌木林地的 *B* 值采用计算公式如下：

$$B_{草地}=\frac{1}{1.25000+0.78845\times 1.05968^{100\times FVC}} \tag{2-6}$$

草地的 *B* 值采用计算公式如下：

$$B_{灌木丛}=\frac{1}{1.17647+0.86242\times 1.05905^{100\times FVC}} \tag{2-7}$$

果园、其他园地、有林地和其他林地的 *B* 值采用计算公式如下：

$$B=0.44468\times \mathrm{e}(-3.20096\times GD)-0.04099\times \mathrm{e}(FVC-FVC\times GD)+0.025 \tag{2-8}$$

式中，*GD* 为乔木林的林下盖度。根据前人对华中区林下盖度的研究和野外调查，分别拟定有林地、疏林地和其他林地的林下盖度值，代入到公式计算。耕地、城镇建设用地、农村建设用地、其他建设用地、水域、裸土地和裸岩的 *B* 值分别直接赋值为1、0.01、0.025、0.1、0、1和0，形成蒸水流域植被覆盖与生物措施因子图。

蒸水流域内工程措施主要为土坎水平梯田，参照《区域水土流失动态监测技术规定（试行）》，将水田 *E* 因子赋值为0.084，其余用地类型赋值为1，蒸水流域所在区域在全国轮作区内均处于两湖平原丘陵水田中三熟二熟区，将耕地 *T* 因子赋值为0.312，其他用地类型赋值为1，形成蒸水流域工程措施因子图和耕作措施因子图。

由于土壤侵蚀变化受到了自然和人类活动的综合作用影响，其中自然因素主要考虑降水变化，人类活动主要考虑土地利用变化和水土保持措施实施的变化。为了区分降水和人类活动对蒸水流域土壤侵蚀的不同影响，利用控制变量方法，分别模拟只考虑降水变化和只考虑土地利用变化情景下 2015 年的土壤侵蚀状况。具体步骤如下：首先，不考虑其他因素变化，只考虑降水变化情景下的 2015 年土壤侵蚀模数，$A_{2015R}=R_{2015}KLSB_{1995}E_{1995}T_{1995}$。然后，不考虑其他因素变化，只考虑土地利用变化情景下的 2015 年土壤侵蚀模数，$A_{2015BET}=R_{1995}KLSB_{2015}E_{2015}T_{2015}$。接着，同时考虑降水变化和土地利用变化情景下的 2015 年土壤侵蚀模数：$A_{2015RBET}=R_{2015}KLSB_{2015}E_{2015}T_{2015}$。最后，将计算的 1995 年实际土壤侵蚀模数与模拟情景下的 2015 年土壤侵蚀模数进行对比。

### 2.8.3 结果与分析

（1）土壤侵蚀因子

基于 CSLE 的因子算法，利用 1995 年至 2015 年中的 5 个年度数据，获得了蒸水流域 30 m 分辨率 *R*、*K*、*LS*、*B*、*E*、*T* 因子图。

①降雨侵蚀力因子 *R*（图 2–15）。

统计蒸水流域周边 9 个气象站每年侵蚀性降雨的出现天数，绘制柱状图（图 2–16）。1995 年至 2015 年中的 5 年各年平均侵蚀性降雨天数分别为 32.6 天、44.6 天、44.1 天、47.9 天、48.3 天；非侵蚀性降雨天数为 332.4 天、321.4 天、320.9 天、317.1 天、316.7 天。1995 年侵蚀性降雨占全年比例最小，而 2010 年和 2015 年侵蚀性降雨占全年比例最大。

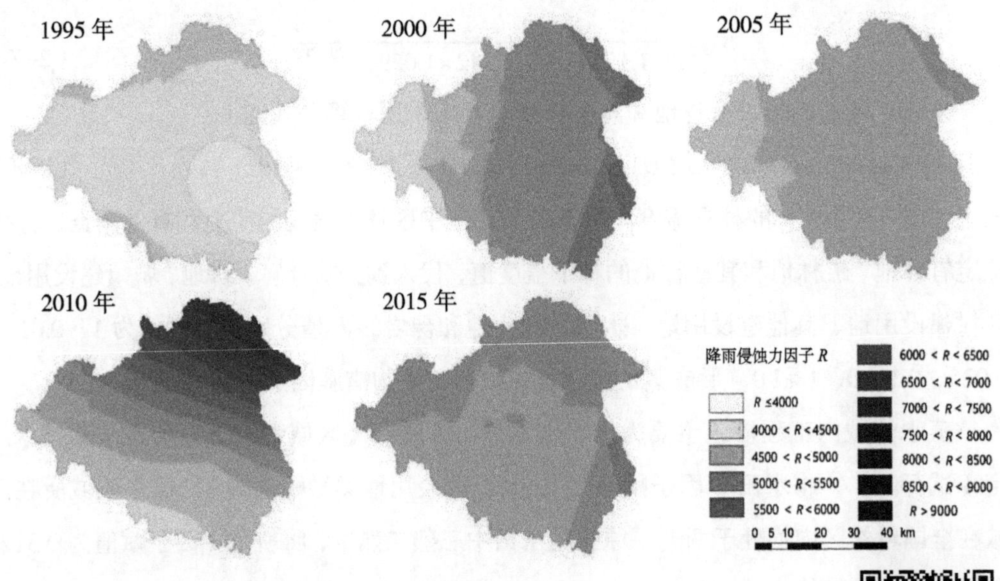


图 2–15 蒸水流域 5 个年度降雨侵蚀力因子 $R$/（$mt \cdot mm \cdot hm^{-2} \cdot h^{-1}yr^{-1}$）

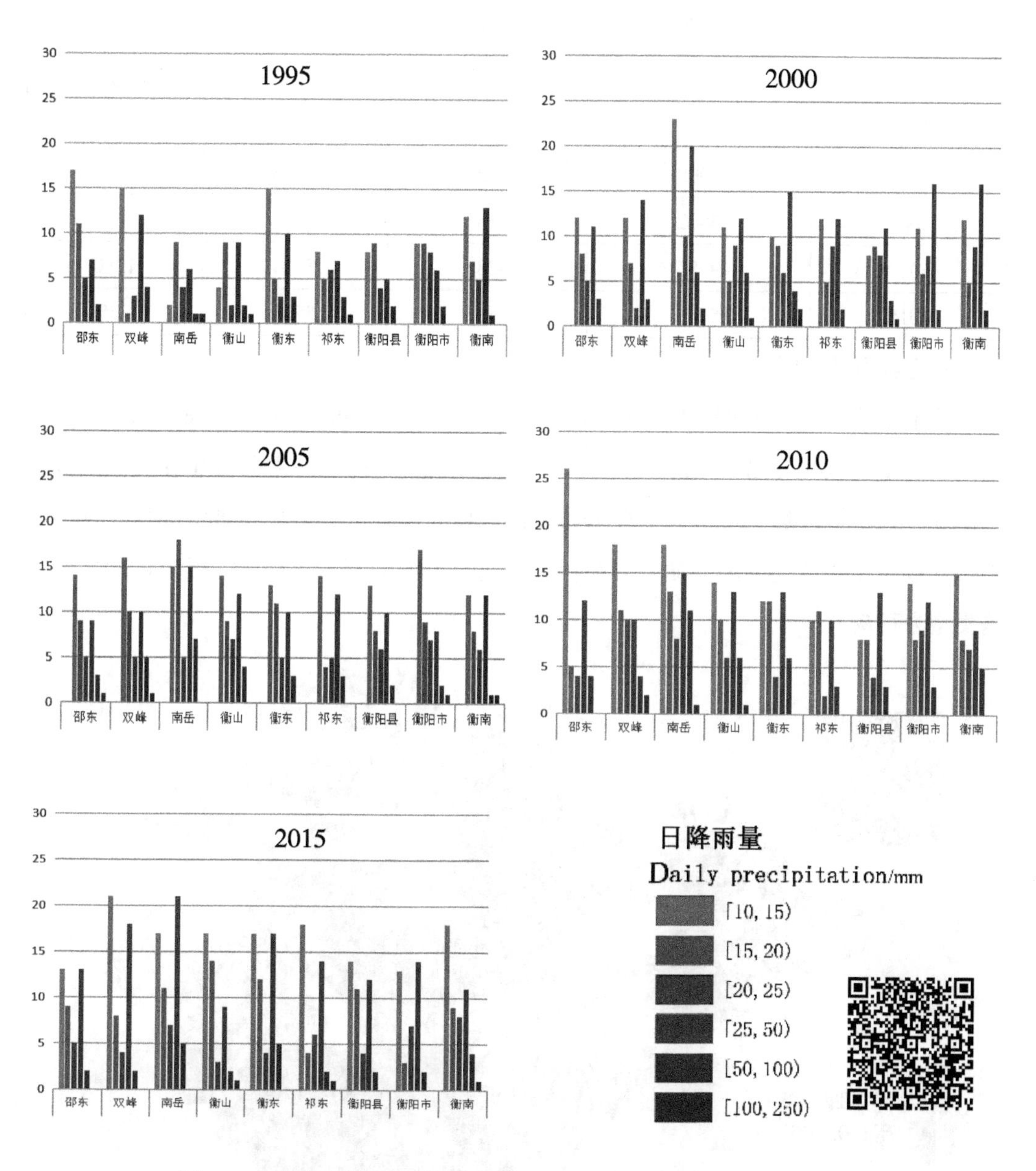


**图 2-16 蒸水流域各气象站 5 个年度各级侵蚀性降雨全年出现次数**

如表 2-5 所示，2010 年 $R$ 值最大，均值为 5934 MJ · mm · hm$^{-2}$ · h$^{-1}$ · a$^{-1}$，地区间年降雨侵蚀力分布差异最大，标准差为 1280 MJ · mm · hm$^{-2}$ · h$^{-1}$ · a$^{-1}$；1995 年 $R$ 值最小，均值为 4275 MJ · mm · hm$^{-2}$ · h$^{-1}$ · a$^{-1}$，标准差为 215 MJ · mm · hm$^{-2}$ · h$^{-1}$ · a$^{-1}$；2000 年 $R$ 值为 5526 MJ · mm · hm$^{-2}$ · h$^{-1}$ · a$^{-1}$，标准差为 589 MJ · mm · hm$^{-2}$ · h$^{-1}$ · a$^{-1}$；2005 年 $R$ 值为 5177 MJ · mm · hm$^{-2}$ · h$^{-1}$ · a$^{-1}$，降雨侵蚀力空间分布最为均匀，标准差为 199 MJ · mm · hm$^{-2}$ · h$^{-1}$ · a$^{-1}$；2015 年 $R$ 值为 5528 MJ · mm · hm$^{-2}$ · h$^{-1}$ · a$^{-1}$，标准差为 225 MJ · mm · hm$^{-2}$ · h$^{-1}$ · a$^{-1}$。

**表 2-5 蒸水流域降雨侵蚀力统计特征值**

| 年份 | 最大值 | 最小值 | 平均值 | 标准差 |
|---|---|---|---|---|
| 1995 | 4763 | 3835 | 4275 | 215 |
| 2000 | 6908 | 4128 | 5526 | 589 |
| 2005 | 5602 | 4183 | 5177 | 199 |
| 2010 | 9186 | 4285 | 5934 | 1280 |
| 2015 | 6169 | 5095 | 5528 | 225 |

②土壤可蚀性因子 *K*。

蒸水流域表层土壤可蚀性因子 *K* 值主要介于 0~0.006748 $t \cdot hm^2 \cdot h \cdot hm^{-2} \cdot MJ^{-1} \cdot mm^{-1}$ 之间，均值为 0.004333 $t \cdot hm^2 \cdot h \cdot hm^{-2} \cdot MJ^{-1} \cdot mm^{-1}$。高值区主要分布在流域南部、东南部以及中部区域，低值区主要分布在流域西北部地区。造成这种空间异质性的原因主要取决于土壤类型的异质性，高值区的主要土壤类型为水稻土，低值区的主要土壤类型为石灰土。

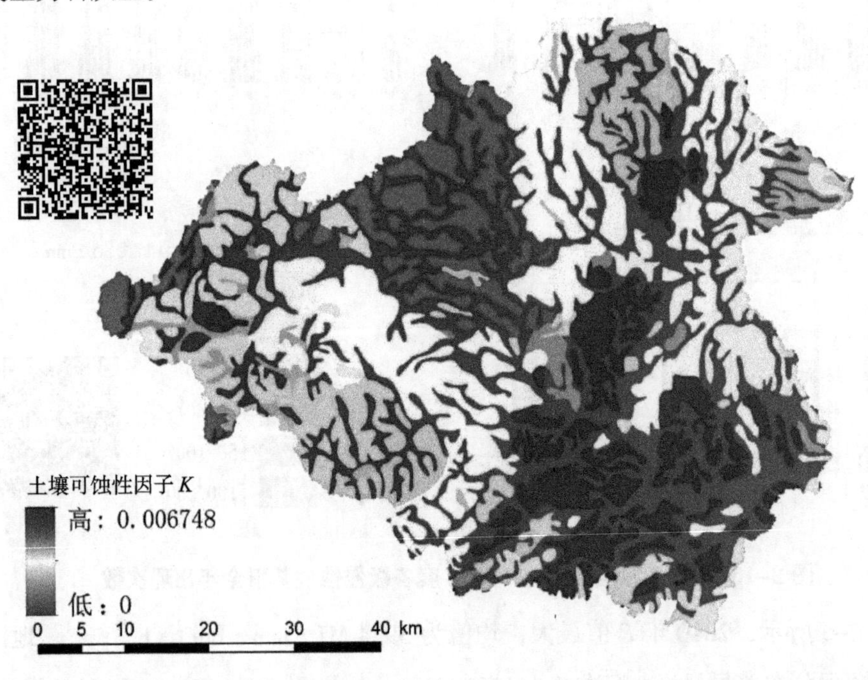


**图 2-17 蒸水流域土壤可蚀性因子 *K*/（$t \cdot hm^2 \cdot h \cdot hm^{-2} \cdot mJ^{-1} \cdot mm^{-1}$）**

③坡长度因子 *LS*。

利用 DEM 数据提取得到蒸水流域坡度分布图和地形因子图（图 2-18，图 2-19），蒸水流域 *LS* 值均值为 4.45。流域东北部、北部、西南山区 *LS* 值较高，中部、南部与东南部 *LS* 值较低，呈马蹄形分布。

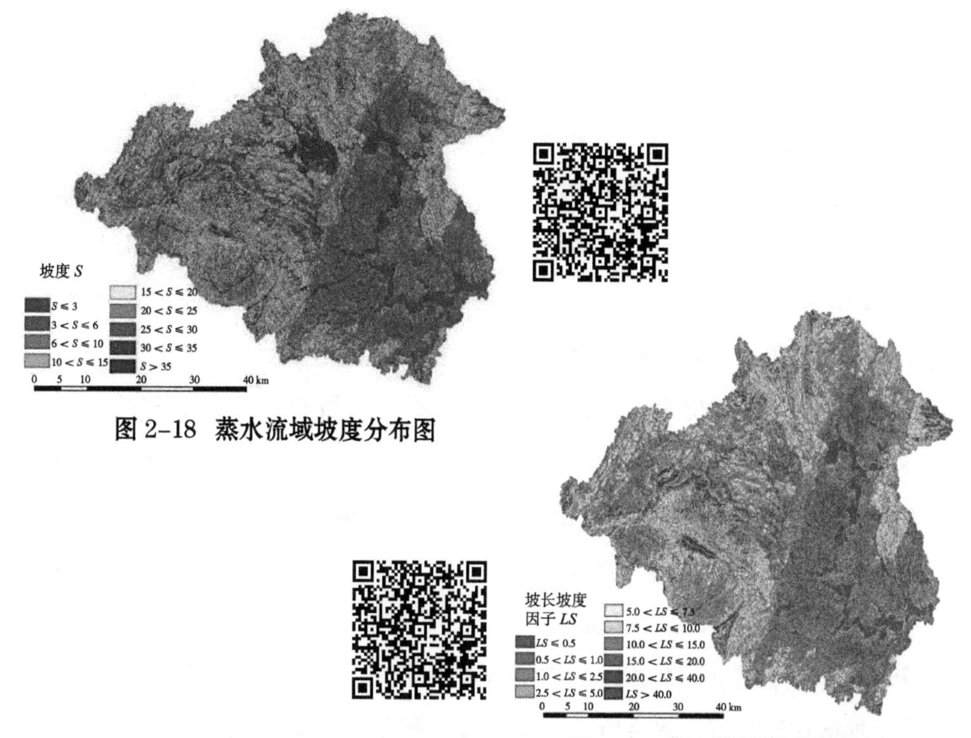


**图 2-18　蒸水流域坡度分布图**

**图 2-19　蒸水流域坡长坡度因子 *LS***

④植被覆盖与生物措施因子 $B$ 和土地利用情况。

1995 年、2000 年、2005 年、2010 年、2015 年蒸水流域的年均 $B$ 因子分别为 0.4511、0.4507、0.4496、0.4485、0.4456。$B$ 因子逐渐减小，年际差异主要来源于土地利用变化情况。西南、北部区域 $B$ 值较低，东南部区域 $B$ 值较高（图 2-20）。

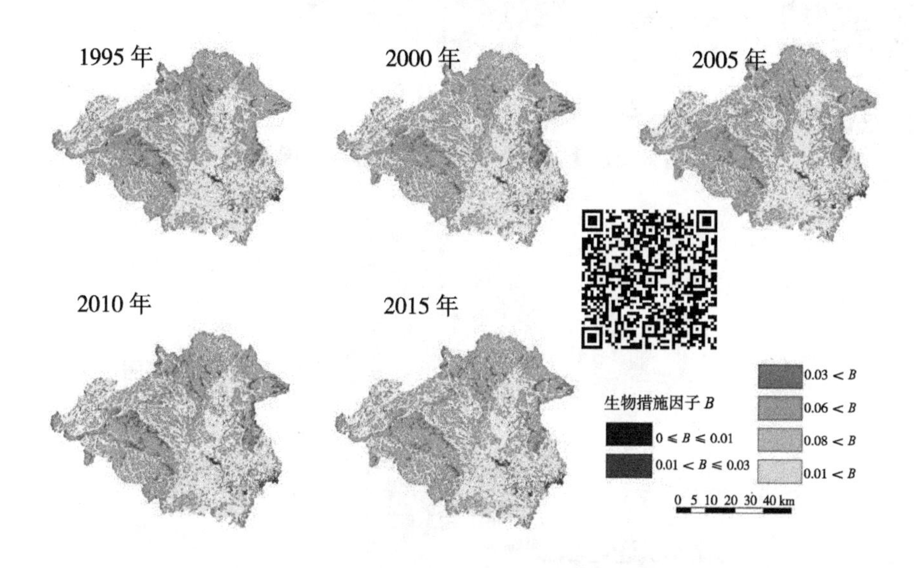


**图 2-20　蒸水流域 5 个年度植被覆盖与生物措施因子 *B***

1995 年蒸水流域内以耕地和林地为主，其面积分别占总面积的 42.79% 和 54.16%，呈现以农、林地为主的土地利用结构特征。此后随着退耕和建设占用，耕地面积逐年下降。到了 2015 年，耕地和林地为主要用地类型的格局没有变化，分别占流域面积的 42.22% 和 53.89%。相比于 1995 年，水田面积占比减少 0.37%，旱地面积占比减少 0.19%，林地面积占比减少 0.27%，而城镇用地、农村居民点等建设用地面积占比增加 0.8%，这种变化是流域内城市化发展的结果。

⑤工程措施因子 $E$ 与耕作措施因子 $T$。

1995 年、2000 年、2005 年、2010 年、2015 年蒸水流域的年均 $T$ 因子分别为 0.7109、0.7115、0.7119、0.7121、0.7143。西南、北部区域 $T$ 值较高，中部与东南部区域 $T$ 值较低。$T$ 因子的空间异质性来源于梯田，而西南及北部地区为非水田区域，工程措施因子都为 1（图 2-21）。1995 年、2000 年、2005 年、2010 年、2015 年蒸水流域的年均 $T$ 因子分别为 0.7056、0.7061、0.7068、0.7071、0.7095。西南、北部区域 $T$ 值较高，中部与东南部区域 $T$ 值较低。$T$ 因子的空间异质性来源于两湖平原丘陵轮作区的耕地，西南及北部地区用地类型为非耕地，耕作措施因子都为 1（图 2-22）。

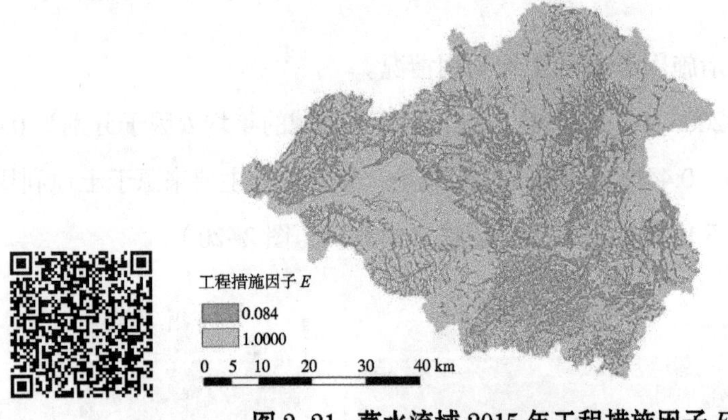


图 2-21　蒸水流域 2015 年工程措施因子 $E$

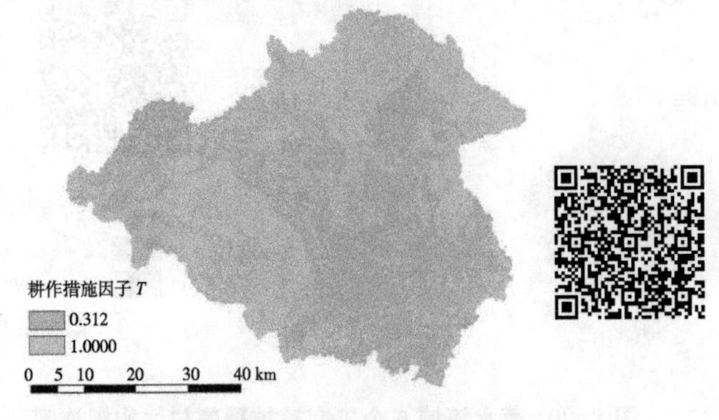


图 2-22　蒸水流域 2015 年耕作措施因子 $T$

（2）土壤侵蚀强度

运用 CSLE 模型计算得到蒸水流域 1995 年、2000 年、2005 年、2010 年、2015 年的土壤侵蚀模数，各年的平均土壤侵蚀模数分别为 412 $t \cdot km^{-2} \cdot a^{-1}$、520 $t \cdot km^{-2} \cdot a^{-1}$、479 $t \cdot km^{-2} \cdot a^{-1}$、530 $t \cdot km^{-2} \cdot a^{-1}$、528 $t \cdot km^{-2} \cdot a^{-1}$，1995 年与 2005 年属于微度侵蚀等级，2000 年、2010 年和 2015 年属于轻度侵蚀等级。根据水利部行业标准《土壤侵蚀分类分级标准（SL 190—2007）》规定，蒸水流域所在的南方红壤丘陵区土壤侵蚀模数所推荐的容许土壤流失量为 500 $t \cdot km^{-2} \cdot a^{-1}$，这 5 年的平均侵蚀模数为 494 $t \cdot km^{-2} \cdot a^{-1}$，低于容许土壤流失量，可以判定蒸水流域水土流失情况较轻。

利用 ArcGIS 软件统计功能，得到各土壤侵蚀强度等级的侵蚀面积与比例。按照水利侵蚀强度分级对土壤侵蚀模数进行划分，蒸水流域 1995—2015 年发生的主要侵蚀类型为微度侵蚀，均占到全流域面积的 70% 以上，轻度侵蚀区域均占全流域面积的 20% 以上，中度侵蚀区域占全流域面积的 2% 以内，强烈及以上等级侵蚀区域占全流域面积的 1% 以内（表 2-6）。将土壤侵蚀强度空间分布图（图 2-23）与流域坡度分布图（图 2-18）比较，发现土壤侵蚀强度在空间上的分布与坡度区间在空间上的分布相似，坡度较大的区域，土壤侵蚀强度较高。

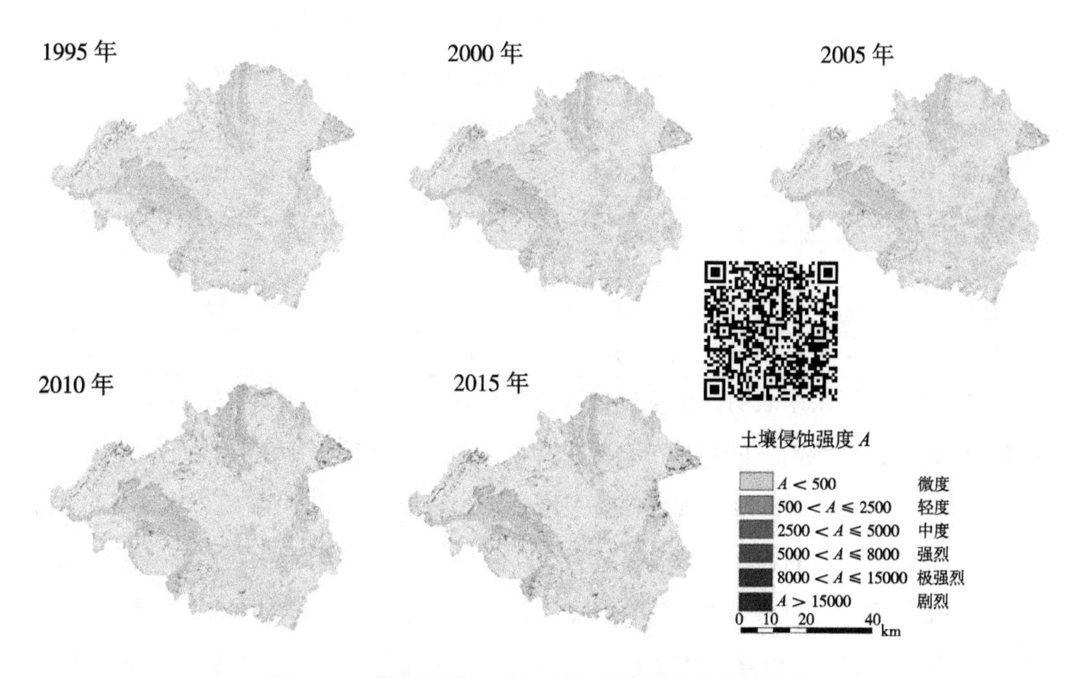


图 2-23 蒸水流域 5 个年度土壤侵蚀强度空间分布

表 2-6　蒸水流域 5 个年度土壤侵蚀强度的面积

| 土壤侵蚀强度 | 面积 / $km^2$ | | | | |
|---|---|---|---|---|---|
| | 1995 年 | 2000 年 | 2005 年 | 2010 年 | 2015 年 |
| 微度 | 2675 | 2542 | 2574 | 2500 | 2559 |
| 轻度 | 735 | 835 | 834 | 880 | 826 |
| 中度 | 50 | 69 | 48 | 66 | 60 |
| 强烈 | 10 | 19 | 13 | 21 | 19 |
| 极强烈 | 7 | 12 | 8 | 11 | 11 |
| 剧烈 | 3 | 3 | 4 | 3 | 6 |

分区统计不同用地类型的土壤侵蚀情况（表 2-7），流域内面积大小占比靠前的土地利用类型分别为有林地（35.94%）、水田（31.24%）、疏林地（15.20%）、旱地（11.00%），以上四类用地占到研究区总面积的 93.38%。土壤侵蚀强度从大到小分别为旱地＞有林地＞疏林地＞水田。旱地土壤侵蚀模数大于有林地土壤侵蚀模数，主要原因是旱地较有林地的植被覆盖度小，其 *B* 值远大于有林地的 *B* 值；有林地土壤侵蚀模数大于疏林地土壤侵蚀模数，主要原因是有林地的平均海拔高、坡度大，其 *LS* 值远大于疏林地的 *LS* 值；疏林地土壤侵蚀模数略大于水田土壤侵蚀模数，主要原因是水田在工程措施与耕作措施的共同影响下，保土效果略优于植被覆盖与生物措施对疏林地的影响。

表 2-7　蒸水流域 5 个年度主要用地类型与土壤侵蚀强度

| 主要用地类型 | 面积 / $km^2$ | 比例 / % | 年均侵蚀模数 / （$t \cdot km^{-2} \cdot a^{-1}$） | | | | |
|---|---|---|---|---|---|---|---|
| | | | 1995 | 2000 | 2005 | 2010 | 2015 |
| 有林地 | 1251 | 35.94 | 542 | 645 | 642 | 667 | 670 |
| 水田 | 1088 | 31.24 | 128 | 220 | 150 | 229 | 205 |
| 疏林地 | 529 | 15.20 | 314 | 328 | 349 | 337 | 282 |
| 旱地 | 383 | 11.00 | 980 | 1298 | 1189 | 1316 | 1249 |

根据模拟估算结果表明，土壤侵蚀现象在蒸水流域常见但严重程度不高。蒸水流域涉及的行政区面积前三的县（市、区）为衡阳县、邵东市、衡南县，面积占比分别为 64.98%、16.47%、11.84%，其余各县（市、区）总面积占比不足 7%（表 2–8）。南方红壤丘陵区所推荐的容许土壤流失量为 500 $t \cdot km^{-2} \cdot a^{-1}$。衡阳县仅在 2010 年达到轻度侵蚀等级，平均侵蚀模数为 462 $t \cdot km^{-2} \cdot a^{-1}$；衡南县在 2000 年、2005 年和 2015 年达到轻度侵蚀等级，平均侵蚀模数为 517 $t \cdot km^{-2} \cdot a^{-1}$；邵东市在 5 个年度均为轻度侵蚀，平均侵蚀模数为 591 $t \cdot km^{-2} \cdot a^{-1}$。流域内土壤侵蚀模数大于 500 $t \cdot km^{-2} \cdot a^{-1}$ 的地区集中分布在邵东市东部，衡阳县西部、北部、东北部，衡南县西北部，南岳区，以上地区是未来水土保持的重点地区。

**表 2-8 蒸水流域 5 个年度各县（市、区）面积与土壤侵蚀强度**

| 行政区 | 面积 | 面积占比 | 年均土壤侵蚀模数 / （$t \cdot km^{-2} \cdot a^{-1}$） | | | | |
|---|---|---|---|---|---|---|---|
| | / $km^2$ | / % | 1995 年 | 2000 年 | 2005 年 | 2010 年 | 2015 年 |
| 衡南县 | 411.92 | 11.84 | 449 | 631 | 513 | 459 | 535 |
| 衡山县 | 14.12 | 0.41 | 517 | 670 | 652 | 970 | 640 |
| 衡阳县 | 2 260.83 | 64.98 | 373 | 492 | 429 | 518 | 497 |
| 南岳区 | 11.81 | 0.34 | 1406 | 1799 | 1739 | 1988 | 1593 |
| 祁东县 | 15.89 | 0.46 | 544 | 650 | 788 | 919 | 838 |
| 邵东市 | 573.07 | 16.47 | 553 | 552 | 639 | 571 | 639 |
| 石鼓区 | 61.97 | 1.78 | 240 | 399 | 267 | 351 | 276 |
| 双峰县 | 54.71 | 1.57 | 506 | 593 | 530 | 762 | 555 |
| 蒸湘区 | 74.89 | 2.15 | 190 | 288 | 233 | 287 | 371 |
| 全流域 | 3479.26 | 100.00 | 412 | 520 | 479 | 530 | 528 |

（3）土壤侵蚀变化的驱动因子

2015 年与 1995 年相比，时间跨度较长，$R$ 值与 $B$、$E$、$T$ 值差异较大，$A$ 值差异也较大。通过考虑降水变化和土地利用变化情景下模拟，2015 年的土壤侵蚀状况，结果发现：只考虑降雨变化情景下的 2015 年单位面积土壤侵蚀量均值为 526 $t \cdot km^{-2} \cdot a^{-1}$；只考虑土地利用变化情景下的 2015 年单位面积土壤侵蚀量均值为 412 $t \cdot km^{-2} \cdot a^{-1}$；同时考虑降水和土地利用变化情景下的 2015 年单位面积土壤侵蚀量均值为 528 $t \cdot km^{-2} \cdot a^{-1}$。通过对比可以看出：从 1995 年到 2015 年，降水变化加剧了蒸水流域的土壤侵蚀，土地利用变化对土壤侵蚀变化的影响不明显，其中降水变化使流域侵蚀量增加了 27.67%，土地利用变化使流域侵蚀量增加了 0.18%，降水和土地利用变化共同作用使侵蚀量增加了 28.16%。

（4）土壤侵蚀量与输沙量对比

神山头水文站是蒸水流域的水文站，其控制面积为 2857 $km^2$，约占全流域面积的 82.10%，利用 ArcGIS 分区统计工具来计算神山头水文站控制面积的侵蚀模数，并将计算侵蚀量与神山头站观测的输沙量进行对比（表 2-9）。结果表明 1995 至 2015 年神山头水文站控制范围侵蚀量呈波动变化，输沙量逐渐减少，由 1995 年的 26.4 万 t 减少到 2015 年的 10.2 万 t，各年侵蚀量远远大于该年输沙量，泥沙输移比逐年下降，由 0.22 下降到了 0.07。神山头水文站控制范围内输沙量远小于侵蚀量，实测输沙量逐年降低。究其原因，一是因为计算侵蚀量是基于坡面模型的每个单元侵蚀量的总和，没有考虑每个单元侵蚀量在输移过程中的沉积。神山头水文站的控制面积占了全流域的 80% 以上，侵蚀土壤需要通过长距离运输，输移过程中有大量侵蚀土壤发生沉积，绝大部分侵蚀土壤因就地沉积或沿途沉积等因素最终未能抵达神山头站。二是由于流域内林草覆盖度达到

50%以上，植被覆盖除减少坡面侵蚀且拦截侵蚀土壤的作用显著。三是流域除梯田外还有一些其他水土保持工程措施，在本次评价中未考虑，它们也能拦截侵蚀土壤。

**表 2-9　神山头站控制范围内外各年统计特征值**

| 年份 | 控制范围侵蚀模数 /（$t \cdot km^{-2} \cdot a^{-1}$） | 实测输沙量 /$10^4 t$ | 输沙模数 /（$t \cdot km^{-2}$） | 计算侵蚀量 /$10^4 t$ | 泥沙输移比 |
|---|---|---|---|---|---|
| 1995 | 427 | 26.4 | 92.4 | 121.99 | 0.22 |
| 2000 | 528 | 26.4 | 92.4 | 150.85 | 0.18 |
| 2005 | 489 | 12.4 | 43.4 | 139.71 | 0.09 |
| 2010 | 552 | 11.4 | 39.9 | 157.71 | 0.07 |
| 2015 | 536 | 10.2 | 35.7 | 153.14 | 0.07 |

（5）结果总结

①流域内降雨侵蚀力因子 $R$ 年均值介于 4275~5934 $MJ \cdot mm \cdot hm^{-2} \cdot h^{-1} \cdot a^{-1}$，具有较高的空间异质性，土壤可蚀性因子 $K$ 均值为 0.004333 $t \cdot hm^2 \cdot h \cdot hm^{-2} \cdot MJ^{-1} \cdot mm^{-1}$，坡长坡度因子 $LS$ 均值为 4.45，植被覆盖与生物措施因子 $B$ 年均值介于 0.4456~0.4511，工程措施因子 $E$ 年均值介于 0.7109~0.7143，耕作措施因子 $T$ 年均值介于 0.7056~0.7095。

②蒸水流域 5 个年度的年均土壤侵蚀模数分别为 412 $t \cdot km^{-2} \cdot a^{-1}$、520 $t \cdot km^{-2} \cdot a^{-1}$、479 $t \cdot km^{-2} \cdot a^{-1}$、530 $t \cdot km^{-2} \cdot a^{-1}$、528 $t \cdot km^{-2} \cdot a^{-1}$，年际差异显著，呈波动变化，5 个年度的平均侵蚀模数为 494 $t \cdot km^{-2} \cdot a^{-1}$，属于微度侵蚀等级。

③流域主要用地类型的土壤侵蚀情况为旱地＞有林地＞疏林地＞水田。

④研究时段内，侵蚀性降雨变化是蒸水流域近 2000—2020 年时空变化最主要的驱动因素。

⑤神山头水文站控制范围内侵蚀计算结果远大于实测输沙量，输沙量逐年降低，泥沙输移比逐年下降。

⑥土壤侵蚀模数空间差异较大，衡阳县、邵东市、衡南县是未来水土保持的重点地区。

## 2.9　结论与不足

### 2.9.1　结论

以湖南省为研究对象，利用 RS 和 ArcGIS 技术，根据《规定》和已有研究，计算得到湖南省 3 期土壤侵蚀影响因子值，对各影响因子近 20 年来的动态变化特征进行对比分析。参照 CSLE 方程对 2000 年、2010 年和 2020 年湖南省的土壤侵蚀模数进行了计算，从省域尺度上对湖南省水土流失情况的动态变化进行了研究，主要结论如下：

①对研究区内的林、草地植被覆盖度进行野外调查实测，共获取 962 组林地样地

实测数据，823 组草地样地实测数据。结合大量植被覆盖度实测值和 *NDVI* 值栅格数据，重新选择了湖南省 2000 年、2010 年和 2020 年的 $NDVI_{soil}$ 和 $NDVI_{veg}$ 的参数值，完成全省植被覆盖度的计算，得到 3 期 *B* 值栅格图。$NDVI_{soil}$ 和 $NDVI_{veg}$ 参数值定义方法的改进，有利于提高 *B* 值的精确度。

②参照《规定》中提供的各侵蚀因子计算公式，分别计算了 3 期包括降雨侵蚀力因子、土壤可蚀性因子、坡长坡度因子、植被覆盖与生物措施因子、水土保持工程措施因子和耕作措施因子，共 6 个土壤侵蚀影响因子值。计算结果显示：湖南省 2000 年、2010 年和 2020 年的植被覆盖与生物措施因子 *B* 值依次为 0.3190、0.3203、0.3090，其变化主要受各类用地面积增减的影响。湖南省近 40 年降雨侵蚀力因子 *R* 平均值为 5764.685 MJ · mm /（$hm^2$ · h · yr），受气候和地形等因素影响，各测雨站的多年平均降雨侵蚀力存在较大差异。安化站的降雨侵蚀力最强，*R* 值为 7922 MJ · mm /（$hm^2$ · h · yr），安化站也是年平均降雨量最多的站点，多为夏季集中性强降雨。城步站 *R* 因子平均值最小，为 4090 MJ · mm /（$hm^2$ · h · yr）。其余共 56 个测雨站的 *R* 值在 5000~6000 MJ · mm /（$hm^2$ · h · yr）区间。湖南省内受降雨侵蚀力因子影响较大的地区主要集中在湘西北张家界一带以及湘东北部分区域。湖南省水土保持工程措施因子 *E* 的 3 期平均值分别为 0.7197、0.7191 和 0.7244，耕作措施因子 *T* 的 3 期平均值分别为 0.7982、0.7944 和 0.7982，*E* 因子和 *T* 因子主要受到湖南省梯田数量变化的影响，年际间变化均为先减少后增加。湖南省坡长坡度因子 *LS* 平均值为 8.83，最大值为 175.74。湖南省土壤可蚀性因子 *K* 平均值为 0.0042 t · $hm^2$ · h /（$hm^2$ · MJ · m），最大值达 0.0093 t · $hm^2$ · h /（$hm^2$ · MJ · m）。

③根据中国土壤侵蚀模型 CSLE 计算得到 3 个年度的土壤侵蚀模数，进一步计算得到湖南省水土流失面积及占比，并对湖南省近 20 年水土流失特征的动态变化进行分析。湖南省 3 期水土流失面积分别是 36458 $km^2$、30852 $km^2$ 和 26168 $km^2$，呈减少变化趋势，属于轻度侵蚀的地区基本都位于海拔较高的湘西北山地地区，是未来湖南省水土流失的重点防护地带。

### 2.9.2　不足

①本文采用的湖南省 1961—2020 年的日降雨数据，2013 年与 2014 年部分站点的单日降雨量存在缺测现象，用同站点的前后两日平均降雨量对缺测值进行补值的处理方法，可能与实际降雨情况存在差异。

②采用的从 GlobeLand30 官网下载的土地利用数据，耕地没有进一步分为水田和旱地，水田有梯田措施，部分旱地没有梯田措施，导致估算的 *B* 因子偏小，进而导致水土流失面积估算结果偏小。

# 3 典型治理措施、模式对水土流失演变的影响规律研究

## 3.1 湖南省水土保持措施的分布及结构特征研究

### 3.1.1 湖南省水土保持措施空间分布特征

以湖南省县域为单位来研究水土保持措施面积在省级单位中的分布特征。如图 3-1 所示，将湖南省的县域水土保持措施总面积按照自然裂点法分成五级，以点为图例表现在县级单位中。湖南省外围地区的县水土保持措施面积高于内部的县，在洞庭湖及湘资沅澧水周边的县域水土保持措施面积低于旁边的县。

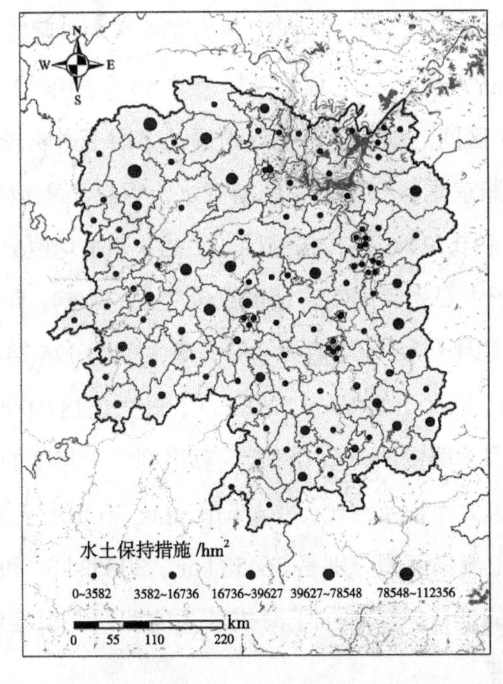

图 3-1　湖南省县域水土保持措施面积空间分布

为定量化湖南省县域水土保持措施面积分布趋势，采用 ArcMap 中的空间趋势分析方法。*X–Z* 平面代表东 – 西方向的趋势分析，*Y–Z* 平面代表南 – 北方向的趋势分析，因此 *X–Y–Z* 构成了空间范围内的趋势分布框架，并将水土保持措施的空间趋势分析结果模拟表现在框架中，如图 3-2 所示。趋势分析结果表明，在南 – 北和东 – 西方向上，水土保持措施总面积呈二阶函数式的空间分布趋势，即表现为中心区位的县水土保持措施面积低于外围区位的县。

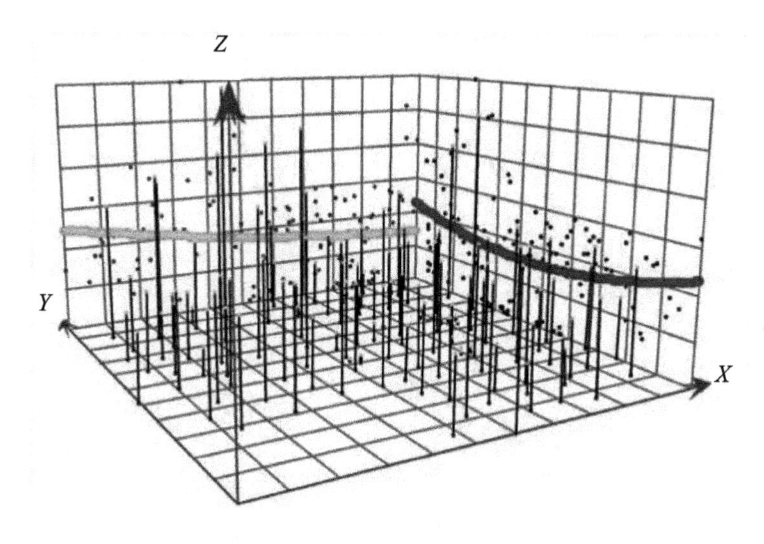


图 3-2 湖南省县域水土保持措施面积空间分布趋势模拟

接着分析县域尺度各类水保措施的分布特征。首先选择湖南省主要的水土保持措施，即梯田、水土保持林、经济林和封禁治理，分析四类措施在县域空间中的比例，如图 3-3、图 3-4 所示，大部分的县以梯田和水保林为主要水土保持措施，以实施经济林和封禁治理为主要措施的县为少数。接着，按照梯田、水保林、经济林和封禁治理措施面积大小为图例，按照自然裂点法将面积各分成五级，呈现在湖南省县域空间范围中。湖南省县的梯田措施在北部、中部和东部地区的面积高于其他的县。湖南省县的水保林措施面积在北部和中部分布较高，中部以南分布面积较小。湖南省西部地区的县经济林措施面积高于东部县。湖南省县的封禁治理措施面积在北部和中部分布较高，中部以南分布面积较小。

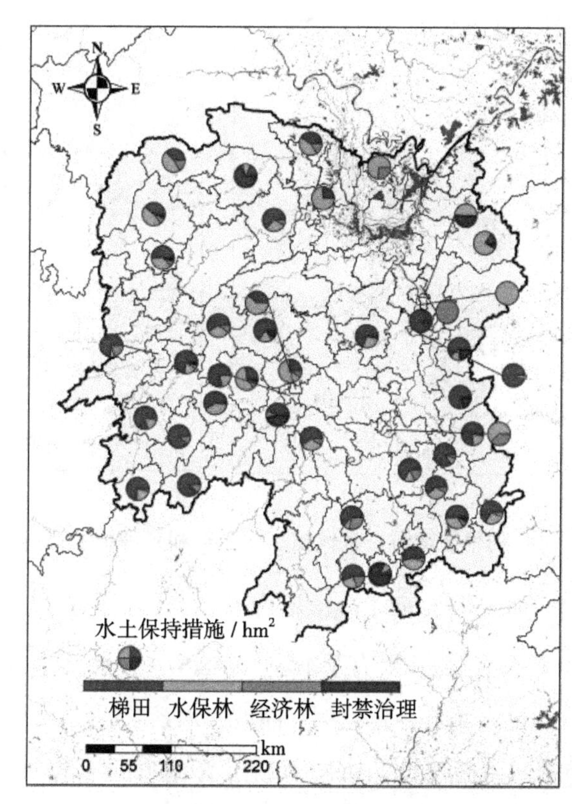


图 3-3 湖南省各类水土保持措施空间分布

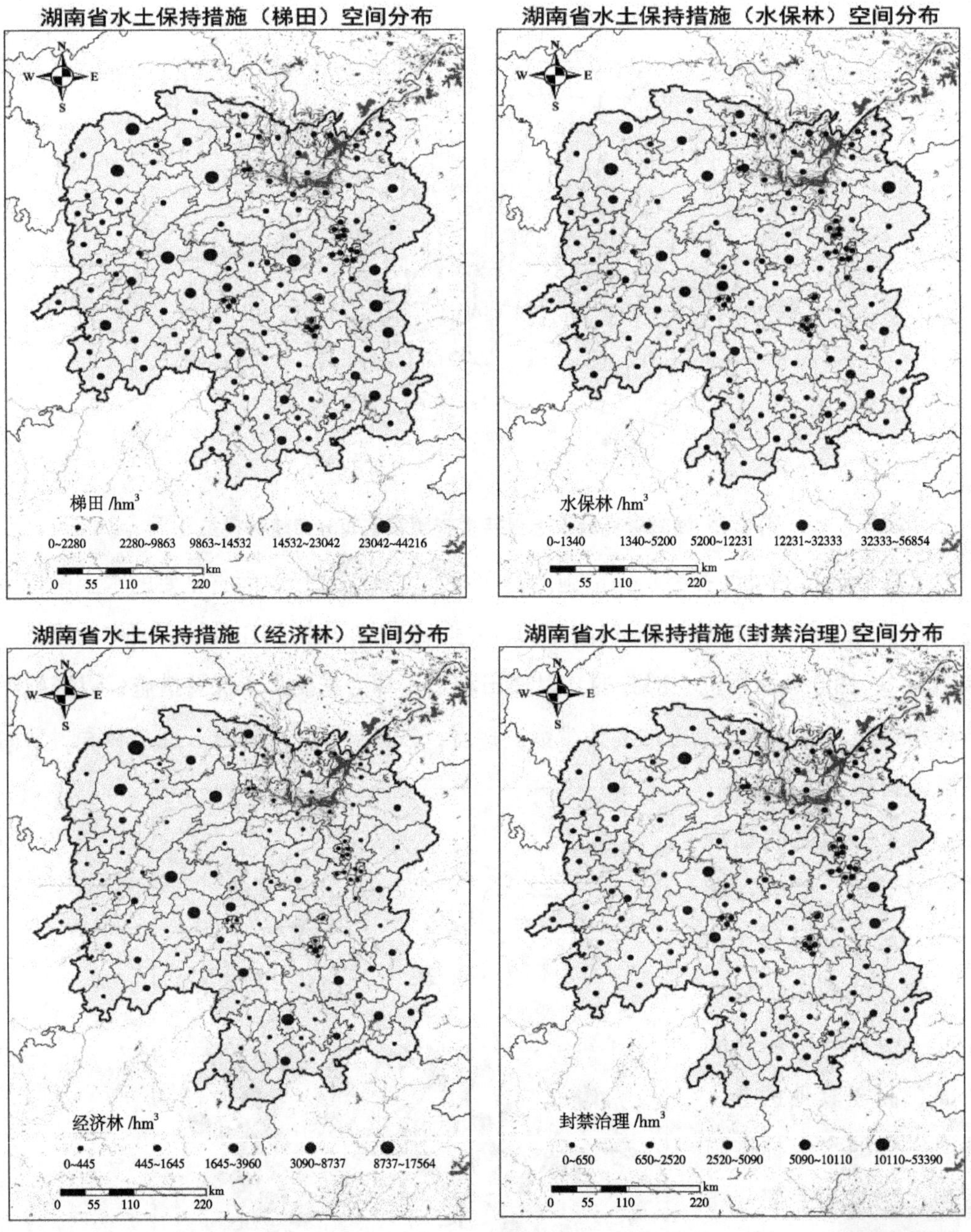

**图 3-4 湖南省梯田、水保林、经济林和封禁治理措施空间分布**

### 3.1.2 湖南省水土保持措施结构特征

湖南省水土保持措施主要有基本农田(48.67%)、水保林(30.87%)等，经济林(10.85%)和封禁治理(7.61%)也有一定比例，而坡面水系工程控制面积只有 1028.2 $km^2$，仅占湖南省水土保持措施总面积的 2.01%。可见，湖南省的基本农田比例较高，约占水土保持总面积的一半，出现该现象的原因可能是由于湖南省是全国坡耕地水土流失综合治理工程重点实施区域，省内山丘区约占全省国土面积的67%，区内坡耕地、经果林广有分布，配套基础设施薄弱，耕地、经果林种植园质量总体不高。通过水土保持措施坡改梯及配套的小型蓄水排引设施，可增加耕地数量，提高种植园质量，改善种植条件。湖南地区水热条件丰富，种植经济林（如柑橘）是发展地方经果产业的重要途径，同时兼顾水土保持的要求。在大面积种植水保林（乔木和灌木）的同时，近地表的植被恢复，特别是在侵蚀劣地和“林下流”发生区域，适当种植草皮可有效保持水土。本次统计无种草措施数据，其面积和比例应该处于较低水平，今后在水土保持措施规划设计和实施过程有必要加以重视。

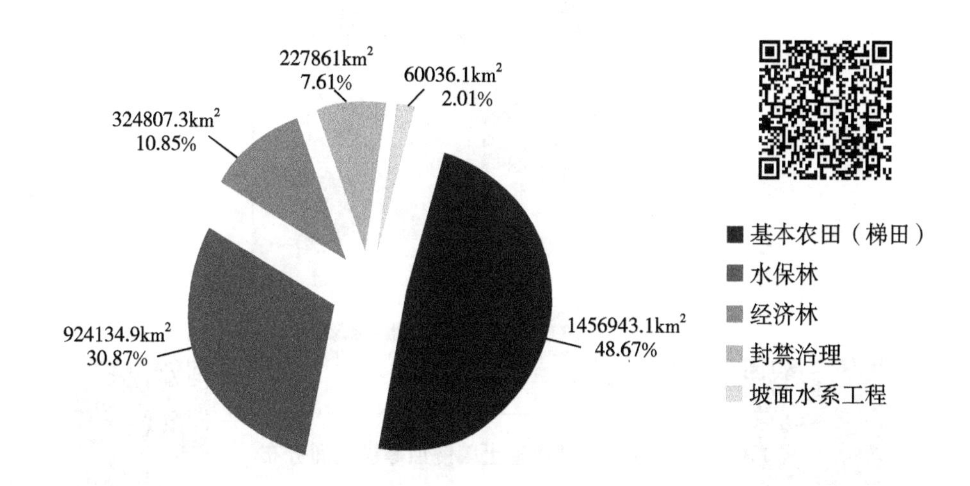


**图 3-5　湖南省三级区水土保持措施结构特征**

### 3.1.3　湖南省水土流失空间分布特征

在三级区中，水土流失面上扩张有显著改善，但局部强烈侵蚀仍是治理的重点。其中，湘中低山丘陵保土人居环境维护区（Ⅴ-4-6tr）和湘西北山地低山丘陵水源涵养保土区（Ⅵ-2-2ht）中的强烈、极强烈和剧烈程度的土壤侵蚀等级的分布面积之和最多。总体来看，湖南省以轻度的土壤侵蚀等级为主，但局地存在的强烈等级以上的土壤侵蚀问题依然存在。

为探究湖南省土壤侵蚀的空间分布特征，为今后的水土流失防治提供空间上的指导策略，必须探究土壤侵蚀在高程和坡度上的空间分布特征。湖南省的土壤侵蚀以及在高程和坡度上的空间分布如图 3-6 ~ 3-8 所示，地形可按照高程来进行划分，即平原（0~200 m）、丘陵（200~500 m）和山地（> 500 m）。湖南省的中东部海拔较低，平原多，地形较为平缓，坡度也较小；西部和东部地区海拔较高，丘陵和山地分布较多，且这些地区地形较为破碎，坡度较陡。统计土壤侵蚀模数在高程和坡度等级中的均值情况，统计结果如表 3-1 ~ 3-3 所示，丘陵和山地的土壤侵蚀模数均值显著地比平原地区的值高得多，分别高出 73.1% 和 76.4%。土壤侵蚀模数均值在坡度等级中的分布呈递增的趋势，当坡度＞ 6° 后，土壤侵蚀模数均值增长速率加快。

图 3-6 湖南省土壤侵蚀等级空间分布

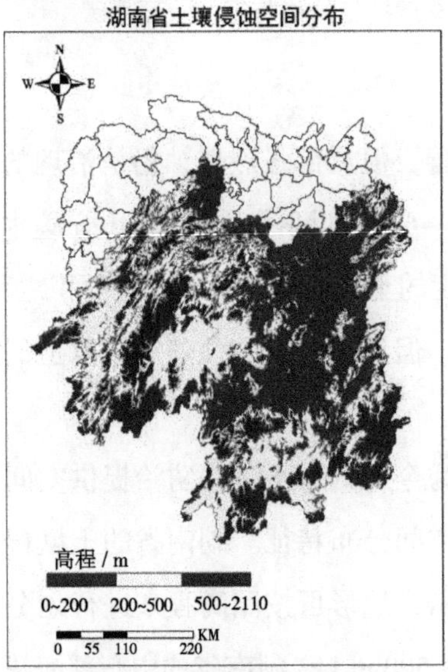

图 3-7 湖南省高程图

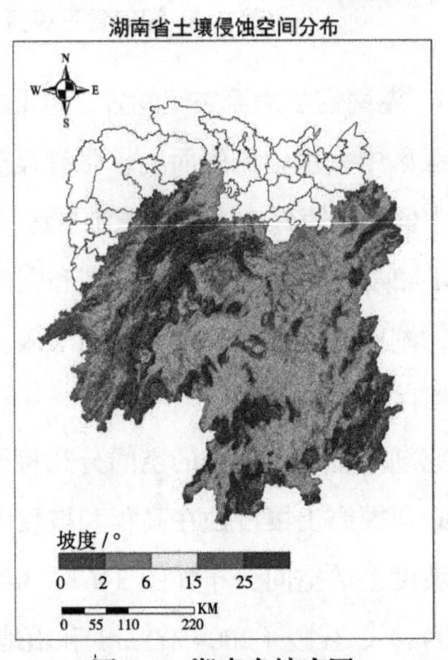


图 3-8 湖南省坡度图

**表 3-1　湖南省三级区中土壤侵蚀等级面积分布**　　单位：$km^2$

| 类型 | 轻度以上 | 轻度 | 中度 | 强烈 | 极强烈 | 剧烈 |
|---|---|---|---|---|---|---|
| 洞庭湖丘陵平原农田防护水质维护区（Ⅴ-3-2ns） | 1948.52 | 1291.29 | 515.98 | 93.54 | 25.91 | 21.8 |
| 湘中低山丘陵保土人居环境维护区（Ⅴ-4-6tr） | 14068.64 | 8451.71 | 3828.07 | 1156.66 | 437.77 | 194.43 |
| 湘西南山地保土生态维护区（Ⅴ-4-7tw） | 5834.37 | 3820.9 | 1497.28 | 361.92 | 111.3 | 42.97 |
| 南岭山地水源涵养保土区（Ⅴ-6-1ht） | 4629.26 | 2807.15 | 1228.1 | 344.7 | 177.81 | 71.5 |
| 湘西北山地低山丘陵水源涵养保土区（Ⅵ-2-2ht） | 5807.52 | 3243.87 | 1617.23 | 558.53 | 266.67 | 121.22 |
| 湖南省 | 32288.31 | 19614.92 | 8686.66 | 2515.35 | 1019.46 | 451.92 |

**表 3-2　湖南省高程等级中的土壤侵蚀模数均值**

| 高程等级 | 地形 | 土壤侵蚀模数均值 |
|---|---|---|
| 0~200 m | 平原 | 397.6 |
| 200~500 m | 丘陵 | 688.6 |
| ＞500 m | 山地 | 701.6 |

**表 3-3　湖南省坡度等级中的土壤侵蚀模数均值**

| 坡度等级 | 土壤侵蚀模数均值 |
|---|---|
| ＜2° | 202.7 |
| 2°~6° | 301.0 |
| 6°~15° | 537.3 |
| 15°~25° | 725.6 |
| ＞25° | 854.8 |

### 3.1.4　湖南省三级区水土保持措施分布特征

在全国水土保持区划中，湖南省在全国水土保持区划的 5 个三级区：洞庭湖丘陵平原农田防护水质维护区（Ⅴ-3-2ns）、湘中低山丘陵保土人居环境维护区（Ⅴ-4-6tr）、湘西南山地保土生态维护区（Ⅴ-4-7tw）、南岭山地水源涵养保土区（Ⅴ-6-1ht）、湘西北山地低山丘陵水源涵养保土区（Ⅵ-2-2ht）。就 5 个三级区而言，每个三级区水土保持措施以基本农田（农业措施 + 工程措施，以坡改梯为主）和水保林（生物措施）为主，且除洞庭湖丘陵平原农田防护水质维护区（Ⅴ-3-2ns）外，其他三级区基本农田面积均大于水保林面积，如图 3-9 和图 3-10 所示。各三级区水土保持措施以坡面水系工程控制面积最小，其中洞庭湖丘陵平原农田防护水质维护区（Ⅴ-3-2ns）的占比不足 1%，这可能是因为该区大部分属于湖区平原，地势低平，平原面积广，坡度平缓，地形坡度基本在 10° 以下，仅在丘岗疏林地和荒坡地中有块状分布的轻度面蚀出现。

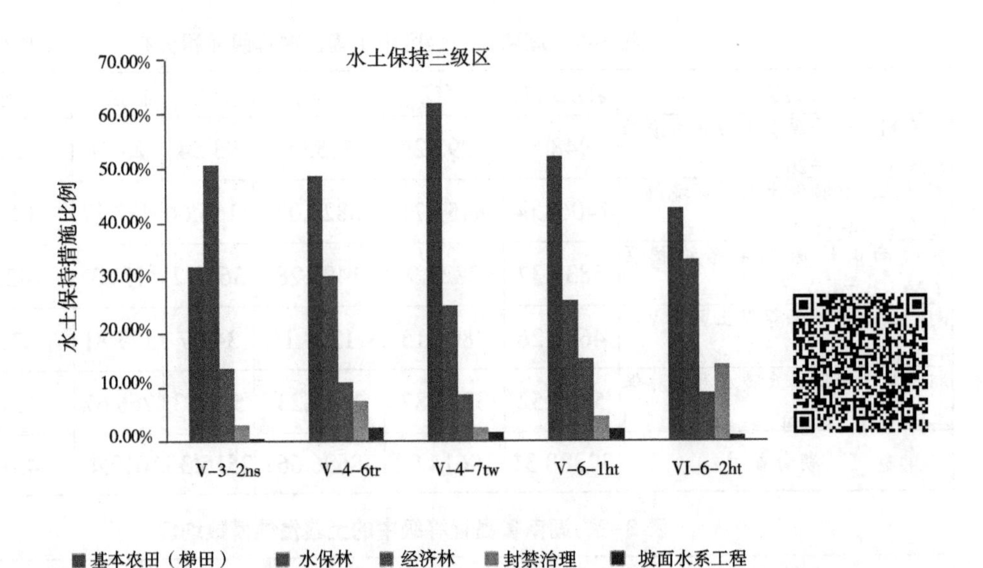


图 3-9 湖南省三级区水土保持措施比例

对全省各项水土保持措施分布情况进行分析发现，各项措施在 V-4-6tr-1 占比最大，在 41%~63% 之间。V-4-6tr-1 位于湖南省中部和东部，土地总面积 86453 km$^2$，是湖南省农业商品率较高的地区，也是经济较发达、城镇较集中的地区。水土保持措施面积受土壤侵蚀影响，该区土壤侵蚀以红壤、紫色土强度面蚀、沟蚀为主，城镇开发、矿产资源开发、交通建设等人为水土流失十分严重，崩岗和沟蚀严重的地区可高达 10000 t/km$^2$。除蓄水保土工程外，其他各项水土保持措施在 V-3-2ns 的占比最小，占比均小于 10%，小型蓄水保土工程占比相对较大，主要是由于该区降雨量较全省其他地区偏少，但过境水丰富，大雨和暴雨占全年总次数的 50% 以上，洪涝灾害频发。封禁治理水土保持措施除

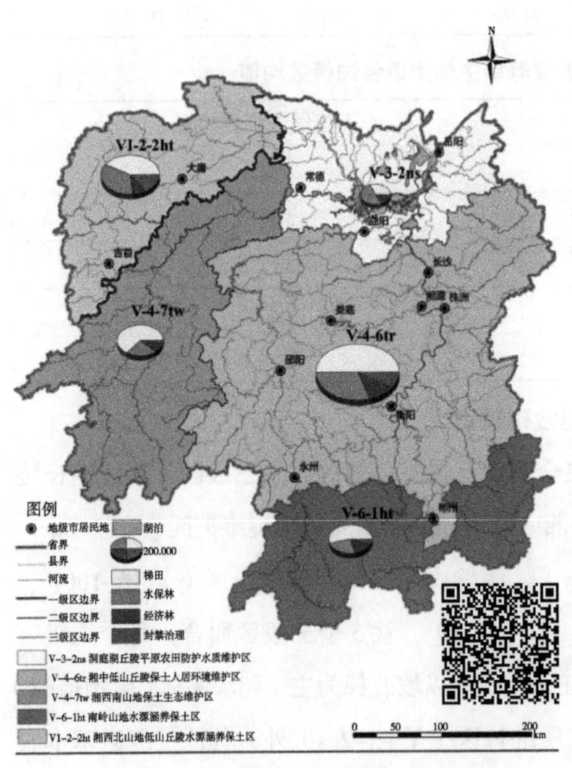


图 3-10 湖南省水土保持措施分布图

在 V-3-2ns 分布较少外，在 V-4-7tw 和 V-6-1ht 也占比较小，封禁治理区禁止人类活动的干扰，促进植被的自然恢复。该区封禁治理面积占比较小可能与该区经济水平落后有关，封禁治理区占比太大，不利于区域发展，可能加剧贫困程度，故这两个三级区主要以基本农田、水保林和经济林作为主要水土保持措施。经济林、坡面水系控制工程和蓄水保土功能在 V-4-7tw、V-6-1ht 和Ⅵ -2-2ht 所占比例较为一致，这三个区域的共同特点是经济发展较为落后，如图 3-11 所示。通过以上分析，可以发现，水土保持措施布设不仅与地区土壤侵蚀强度和自然条件等有关，还取决于区域经济水平，治理水土流失的目的是保护人类赖以生存的土地资源，维护生态环境，以实现可持续发展，所以，社会发展因子也是水土保持措施布设需要考虑的影响因子。

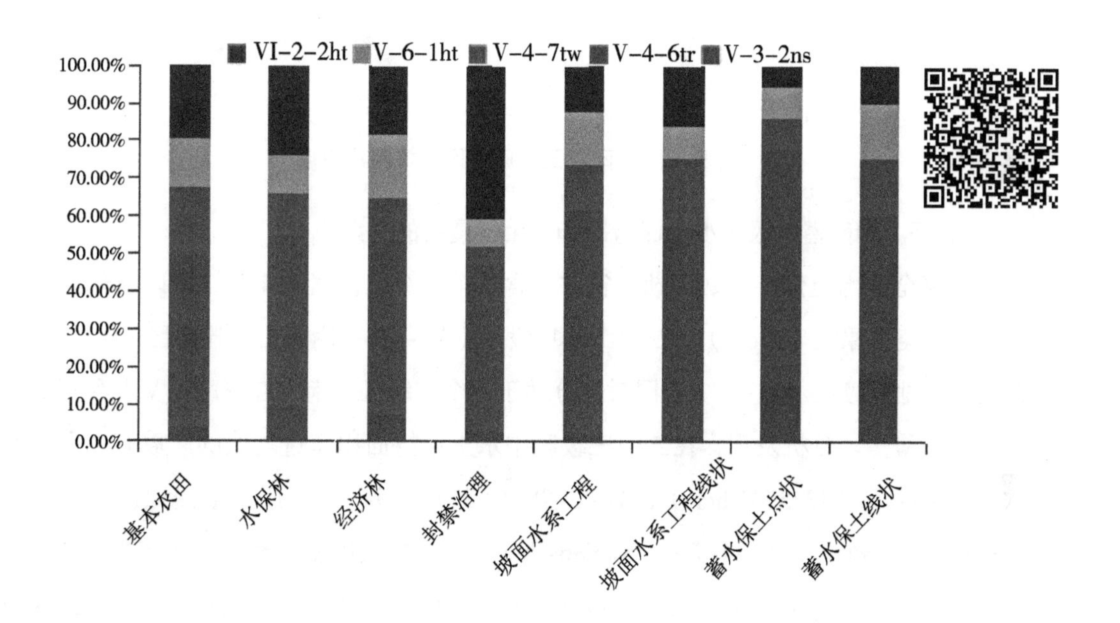


**图 3-11　湖南省水土保持措施分布**

从区位指数图 3-12 可以看到，基本农田（梯田）的区位指数均大于 1（洞庭湖丘陵平原农田防护水质维护区除外），表明基本农田（梯田）聚集程度高于湖南省平均水平，尤以湘中低山丘陵保土人居环境维护区最为显著，而其他措施的聚集程度均低于全省平均水平。

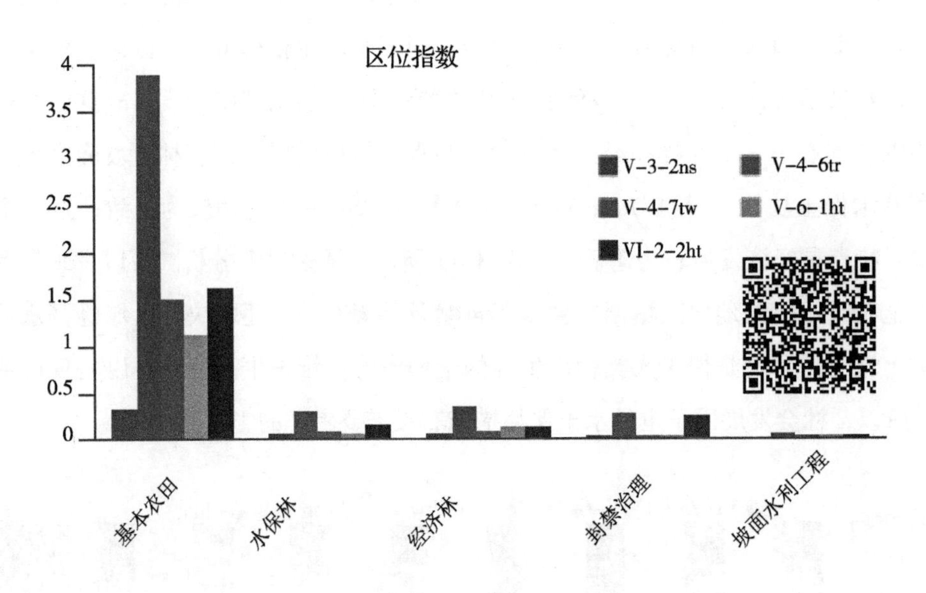


**图 3-12 湖南省三级区各区各措施集中度**

### 3.1.5 湖南省三级区水土保持措施与土壤侵蚀的关系

根据全国水土保持区划，湖南省共包含 5 个三级区，属于 4 个二级区，分别为长江中游丘陵平原区（Ⅴ-3），江南山地丘陵区（Ⅴ-4）、南岭山地丘陵区（Ⅴ-6）和武陵山山地丘陵区（Ⅵ-2t），同时也分属于两个一级区，南方红壤区（Ⅴ）和西南紫色土区（Ⅵ）。分析发现，在 5 个三级区中水土保持面积超过均值的区域有 2 个，依次是Ⅴ-4-7tw（1375541 $hm^2$）、Ⅵ-2-2ht（659031.7 $hm^2$）；而土壤侵蚀面积大于均值的区域仅 1 个，为Ⅴ-4-7tw（1406864 $hm^2$），土壤侵蚀面积从大到小依次为Ⅴ-4-6tr > Ⅵ-2-2ht > Ⅴ-4-7tw > Ⅴ-6-1ht > Ⅴ-3-2ns。另外，通过各三级区水土保持措施面积和土壤侵蚀面积的相关性分析可知，二者之间存在正相关关系，相关性显著（$r$=0.9812，显著性 sig=0.003），说明土壤侵蚀面积越大的区域需要实施更多的水土保持措施。水土保持措施实施后，需要经过一段时间（特别是林草措施）才能真正发挥作用，二者之间是此消彼长的拉锯式过程。通常情况下，水土流失治理大致可分为三个阶段：在水土流失治理初期，水土流失面积总体较大，水土保持措施可能加大人为水土流失，或者水土流失保持措施数量较少且作用不明显，土壤侵蚀未能得到有效控制，呈现措施面积小（作用也小）而水土流失面积大（占主导）的局面；随着水土流失治理进程的不断推进，水保措施数量逐步增多，且水土保持措施所发挥的作用也不断增强，此时，水土流失面积与水土保持措施面积（作用）将逐渐近似相当；水土流失治理成熟阶段，水土保持措施所发挥的作用可以有效控制土壤侵蚀，水土流失面积减少，此时，水土保持措施面积大，发挥的作用强，土壤侵蚀面积小，处于次要地位。因此，在有足够数据支撑下，可以建立两者之间的关系模型，为今后某一区域水土流失治理和水土保持措施实施提供依据。

水土保持措施一般都是配套实施的，如坡改梯地区种植经济果林，同时配设蓄水池、排水沟等。V-4-7tw 和 V-6-1ht 水土保持措施总面积少于土壤侵蚀面积，产生这种现象的原因可能是措施之间的叠加实施。V-3-2ns 和 V-4-6tr 水土保持措施面积与土壤侵蚀面积几乎持平，仅Ⅵ -2-2ht 水土保持面积超过土壤侵蚀面积，超出面积为 782.797 km$^2$。这项分析也可以反映出当前水土保持措施并未做到全覆盖，水土保持工作依旧十分艰巨，如图 3-13、图 3-14 所示。

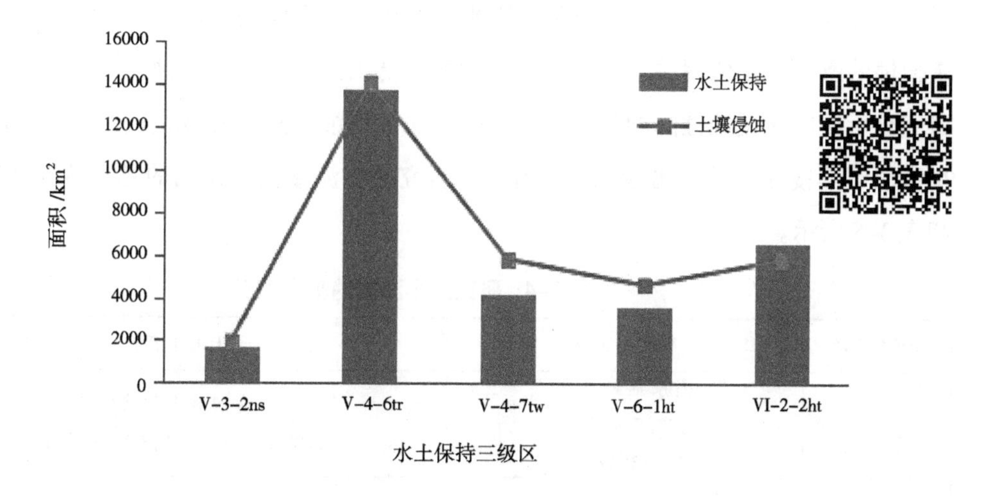


**图 3-13 湖南省三级区水土保持措施与土壤侵蚀面积**

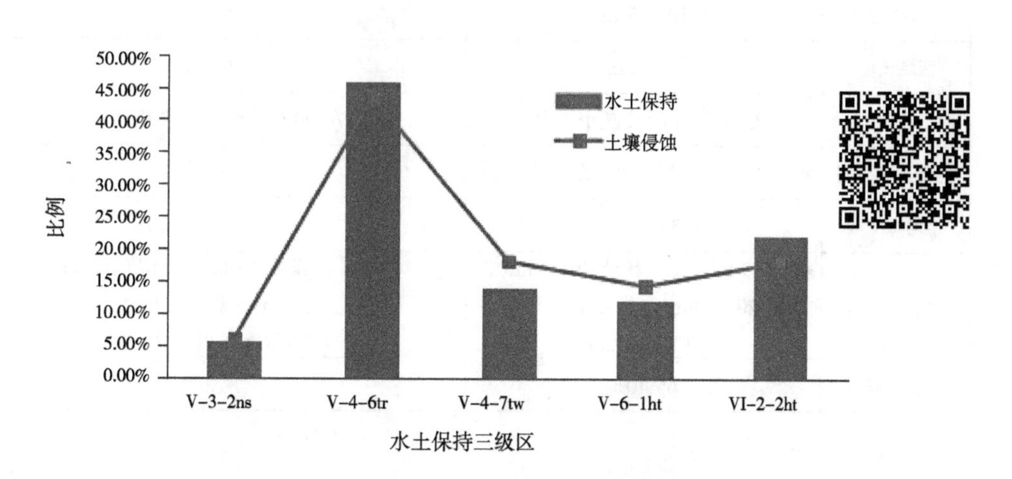


**图 3-14 湖南省三级区水土保持措施与土壤侵蚀比例**

## 3.2 湖南省典型小区的侵蚀性降雨侵蚀规律

水土流失是一个复杂的自然现象，其受降雨、土壤、作物管理、坡度坡长以及水土保持措施等多重因素相互作用和影响。在这些影响因子中，降雨因子是导致水蚀区土壤流失的主要外营力，在无强烈人为干扰环境下，除降雨之外的其他因子一般在短时间内都较为稳定。区域的年降水量的变化幅度一般较小，但引起土壤侵蚀发生的次降雨量、降雨强度以及降雨历时等降雨因子的变化存在很大的不确定性，从而导致产流产沙量也会存在较大的差异。然而，并不是所有的降雨都会导致土壤的流失，只有能够引起土壤侵蚀的次降雨才是水土流失研究中的重点，其降雨标准的确定是水蚀区土壤侵蚀预报和模拟的前提性工作。尽管前人已在赣北等地区建立了红壤区的侵蚀性降雨标准，但这些标准对土壤类型复杂多样的湘中低山丘陵区是否适用还不明确，需进一步探究。此外，由于自然条件下降雨复杂多变，不同雨型以及不同降雨特性对土壤侵蚀的影响也是值得关注的。降雨作为湘中低山丘陵区土壤侵蚀发生的主要因素，研究分析该区域侵蚀性降雨特征，并确定区域的侵蚀性降雨标准是进一步探究坡面和小流域土壤侵蚀与径流输沙规律的基础。研究区小流域和径流场的基本情况如表 3–4 和表 3–5 所示。

**表 3–4 研究区小流域的基本情况**

| 小流域名称 | 秋波小流域 | 五七河小流域 |
|---|---|---|
| 位置 | 衡东县栗木乡<br>112°55′49″E、<br>27°23′37″N | 隆回县七江乡<br>110°58′50″E、27°26′58″N |
| 流域面积 | 1.68 km$^2$ | 1.18 km$^2$ |
| 平均海拔 | 104.45 m | 394.50 m |
| 流域长度 | 4.25 km | 2.3 km |
| 坡度 | 62.6% 的坡面坡度小于 8° | 70.00% 的坡面坡度小于 8° |
| 主要土壤类型 | 紫色土（52.8%）和红壤（47.2%） | 红壤 |
| 年均降水量 | 1337.70 mm | 1300.00 mm |
| 土地利用类型 | 耕地 59.57 hm$^2$，林地 40.72 hm$^2$，荒地 20.13 hm$^2$，其他土地利用类型 47.98 hm$^2$ | 耕地 44 hm$^2$，园地 15 hm$^2$，林地 39 hm$^2$，牧草地 8 hm$^2$，荒地 2 hm$^2$，其他土地利用类型 10 hm$^2$ |
| 综合治理度 | 65.40% | 87.00% |

表 3-5　研究区径流场的基本情况

| 径流场名称 | 位置 | 所属水系 | 主要土壤类型 | 多年平均降水量 /mm |
|---|---|---|---|---|
| 莲荷径流场 | 邵阳市双清区火车站乡 111° 22′ 00″ E、27° 03′ 00″ N | 长江流域资江水系 | 以第四纪红黏土发育而成的红壤、黄壤为主 | 1327.50 |
| 井头径流场 | 衡阳县岘山乡 112° 13′ 25″ E、26° 55′ 27″ N | 长江流域湘江水系 | 以花岗岩风化物发育形成的黄壤为主 | 1066.20 |
| 青塘径流场 | 攸县上云桥镇 113° 21′ 26″ E、27° 03′ 33″ N | 长江流域湘江水系 | 以红壤为主 | 1449.00 |
| 秋波径流场 | 衡东县栗木乡 112° 55′ 49″ E、27° 23′ 37″ N | 长江流域湘江水系 | 以紫色页岩发育的紫色土为主，兼有第四纪红黏土 | 1336.00 |

为研究湘中低山丘陵区的侵蚀性降雨的特征，选取了邵阳莲荷、衡阳井头、衡东秋波以及攸县青塘 4 个径流场面积为 100 m$^2$（标准小区）的荒地小区作为研究对象研究区分布情况见图 3-15。不同荒地径流小区的基本情况如表 3-6 所示。其中邵阳莲荷和攸县青塘荒地小区均为坡度 10°的红壤小区，衡阳井头荒地小区坡度为 10°的黄壤小区，衡东秋波荒地小区为坡度 5°的紫色土小区。

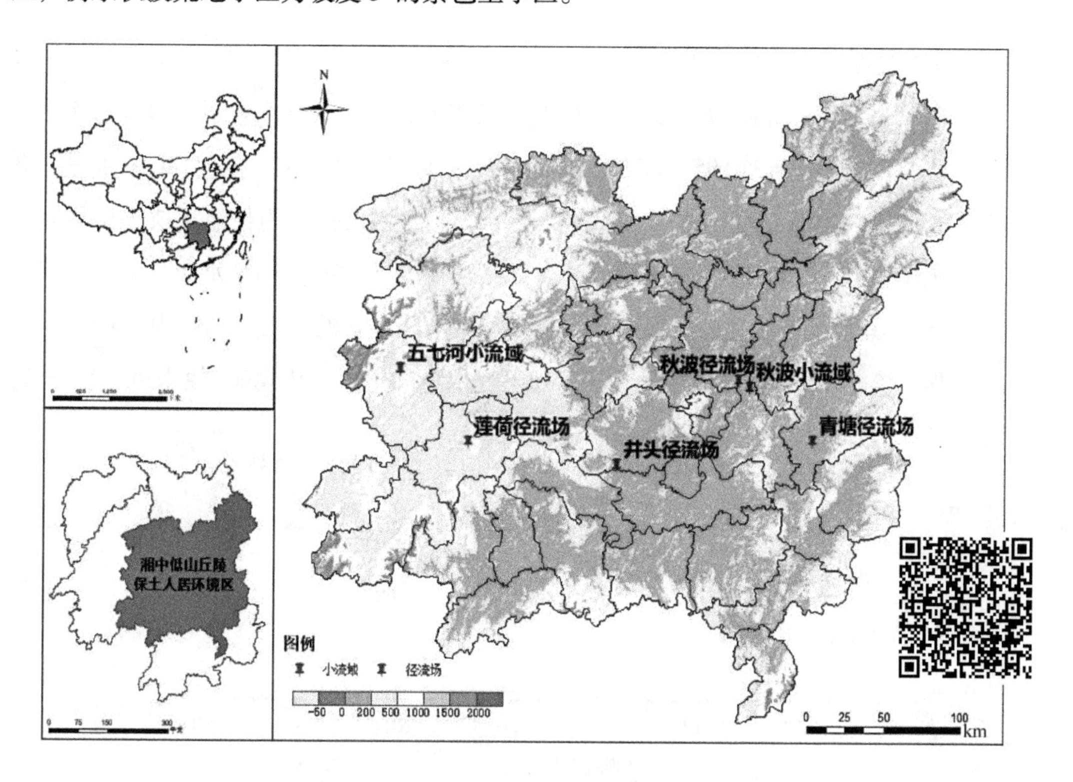


图 3-15　研究区域各径流场和小流域分布情况

表 3-6 不同荒地径流小区的基本情况

| 径流场 | 小区原始编号 | 坡度 /° | 坡位 | 土壤类型 | 植被覆盖度 /% |
|---|---|---|---|---|---|
| 邵阳莲荷 | 6 号 | 10 | 坡脚 | 红壤 | 56 |
| 衡阳井头 | 3 号 | 10 | 坡中部 | 黄壤 | 30 |
| 攸县青塘 | 4 号 | 10 | 坡中部 | 红壤 | 20 |
| 衡东秋波 | 3 号 | 5 | 坡脚 | 紫色土 | 65 |

（1）降水及侵蚀性降雨年际分布特征

为研究侵蚀性降雨对坡面小区产流产沙的影响特征，在衡阳井头（黄壤）、衡东秋波（紫色土）以及邵阳莲荷（红壤）3 个径流场选取林地（水保林 / 经果林）措施小区（分别记为 JT1、JT2 和 JT3）、草地（草皮 / 种草）措施小区（分别记为 QB1、QB2 和 QB3）和撂荒（对照）小区（分别记为 LH1、LH2 和 LH3）作为研究对象。井头和莲荷径流场各小区均为垂直投影长 20 m，宽 5 m，面积为 100 $m^2$ 且坡度均为 10° 的标准小区；秋波径流场的 QB1 为面积为 100 $m^2$，坡度为 10° 的标准小区，QB2 和 QB3 为与 QB1 坡度和坡长相近的自然小区。

根据研究区域所选取的 4 个荒地径流小区连续 4 年（2013—2016 年或 2014—2017 年）的日降水量统计得出各小区逐年降水量的变化情况（图 3-16）。在 2013—2016 年，邵阳莲荷 6 号小区和衡阳井头 3 号小区平均年降水量分别为（1209.75 ± 178.55）mm 和（1152.05 ± 235.71）mm；在 2014—2017 年，衡东秋波 3 号小区和攸县青塘 4 号小区平均年降水量分别为（1310.95 ± 279.76）mm 和（1285.96 ± 417.47）mm。总体来看，各荒地小区的年均降水量基本在 1100.00~1300.00 mm，除攸县青塘径流场所在区域年降水量变化较大外（2016 年年降水量低于多年平均降水量 25%，属枯水年，其他年份均为平水年），其他径流小区的年降水量均在多年平均降水量的 ± 25% 范围内，属平水年。由于观测期较短，难以反映区域长时间序列下降水量的年际变化规律，故未进一步分析。

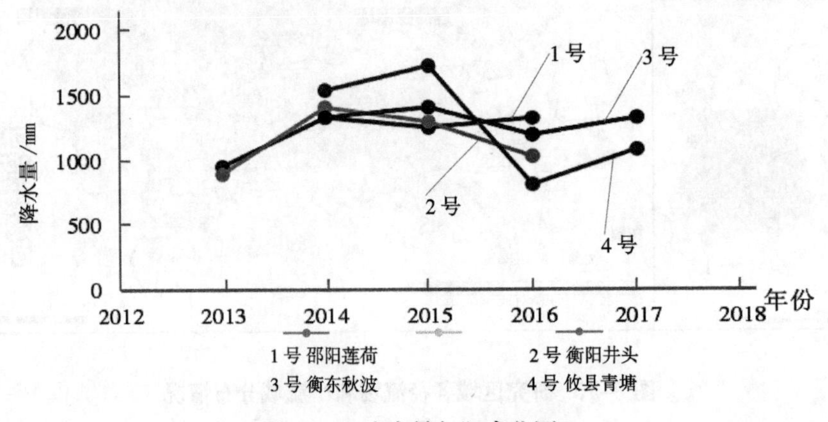


图 3-16 降水量年际变化图

由于区域降雨特性以及土壤、植被类型等条件的差异，各荒地小区在4年观测期内的侵蚀性降雨次数存在较大差异，莲荷、井头、青塘和秋波荒地小区在观测期内的实际侵蚀性降雨总数分别为156次、50次、77次和117次。结合各荒地小区的次降雨侵蚀泥沙数据和降雨数据，可得到各小区的年侵蚀性降雨总量（图3–17）。井头径流场荒地小区的年均侵蚀性降雨量为484.98 mm，远低于莲荷、青塘和秋波荒地小区的928.41 mm、784.00 mm和928.28 mm。井头荒地小区的年侵蚀性降雨量占年均降水量的比例为28.39%~62.46%，而其他荒地小区的这一比例均在45%以上，其中以2017年龙堰荒地小区89.87%最高。

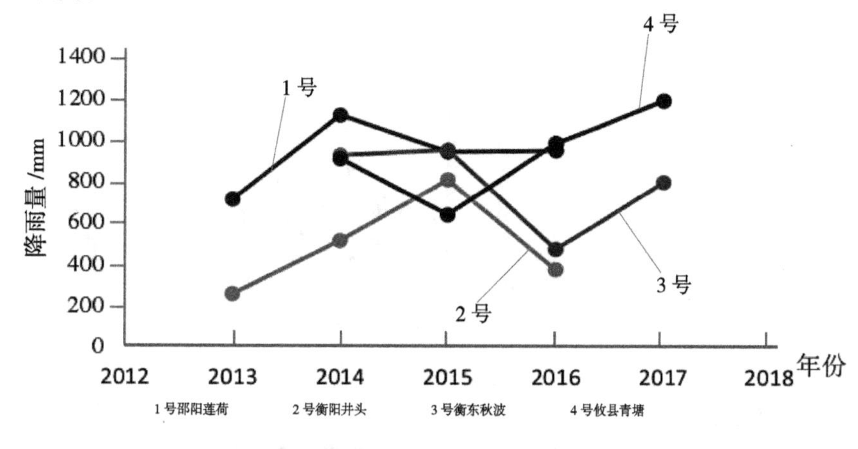


**图3–17 侵蚀性降雨量年际变化图**

（2）降水及侵蚀性降雨年内分布特征

各荒地小区的月均降水量均处于波动状态（图3–18），且多呈单峰型分布，具有典型的亚热带降雨特征，各小区汛期（3~8月）的降水量均可达到年降水总量的70%以上，雨季和旱季区分明显。莲荷、井头、秋波和青塘荒地小区汛期降水量分别占各自年降水总量的70.74%、76.06%、72.00%和78.36%。将各小区实际导致土壤流失的降雨进行统计可得到对应的侵蚀性降雨量。各小区月均侵蚀性降雨量和月均降雨量的分布情况基本一致，相关度高达0.908（$p < 0.01$）。莲荷、井头、秋波和青塘荒地小区汛期侵蚀性降雨量分别占各自年侵蚀性降雨总量的74.19%、96.16%、71.73%和85.43%。但从各荒地径流小区月均降水量与月均侵蚀性降雨量统计图中可看出，莲荷6号小区、秋波3号小区和青塘4号小区的降水向侵蚀性降雨的转变比例要明显高于井头3号小区。受坡度条件影响，在雨量相近的情况下，坡度为10°的莲荷、秋波和青塘荒地小区可能会引起比坡度为5°的井头荒地小区更为强烈的水土流失。由于统计年限较短，各小区的月均降雨和月均侵蚀性降雨情况都存在较大的变化，说明尽管各小区近年的年降水量变化较小，但受区域条件等因素的影响，其年内降雨分布均存在较大的差异。

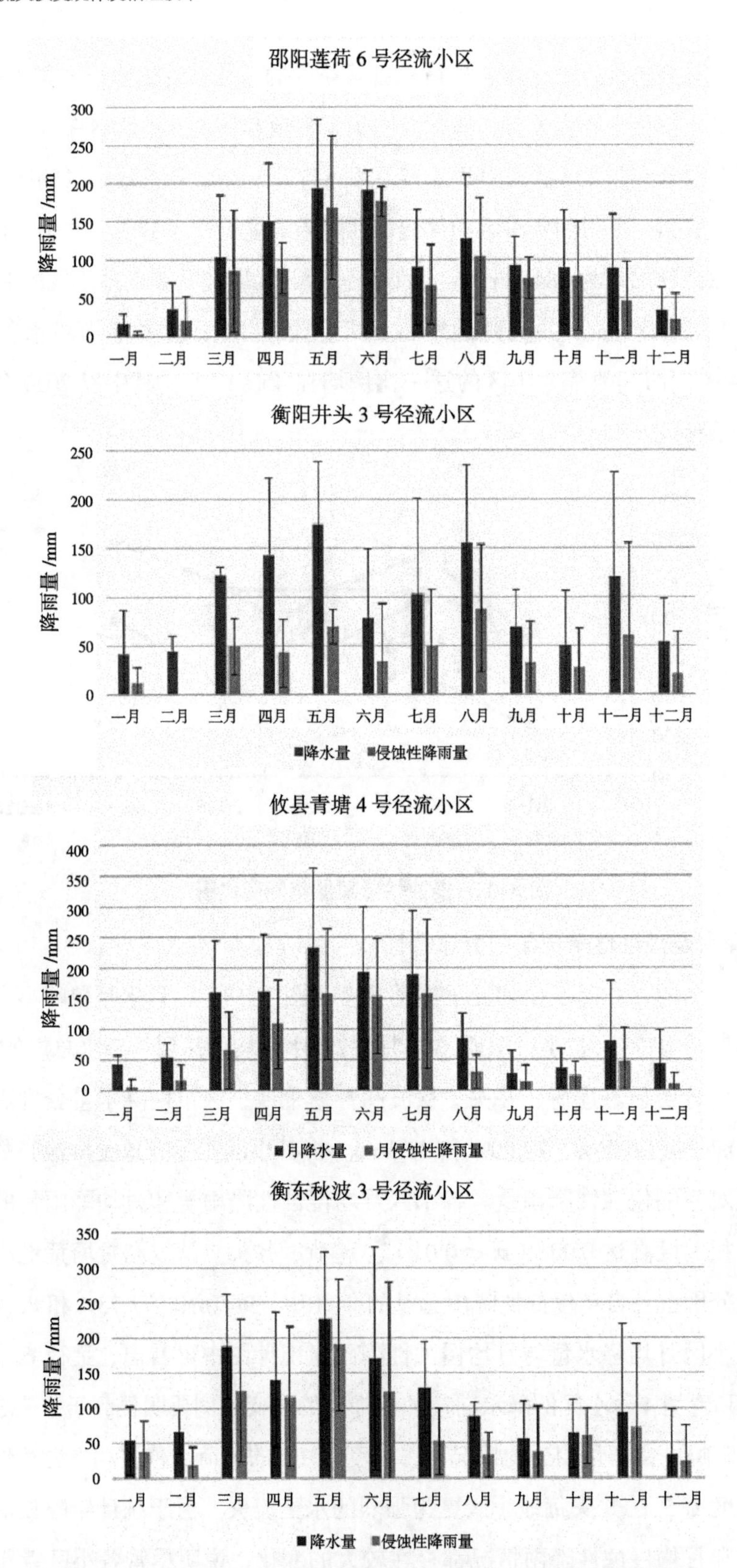


图 3-18 各荒地径流小区月均降水量与月均侵蚀性降雨量统计图

（3）径流小区侵蚀性降雨侵蚀特征

从表 3–7~3–9 可以看出，在研究区域所选择的莲荷、井头和青塘三个 10° 荒地小区的侵蚀性降雨量标准在 7.86~19.94 mm 之间，侵蚀性降雨平均雨强标准在 1.00~1.49 mm/h 之间，且各荒地小区的侵蚀性降雨量标准和雨强标准的差异均较大，其中雨量标准以莲荷荒地小区和青塘荒地小区差距最为显著，平均雨强标准以井头荒地小区和青塘荒地小区差距最为显著。虽然莲荷 6 号荒地小区和青塘 4 号荒地小区的土壤类型均为红壤，但莲荷所在区域的降雨量和降雨次数均远大于青塘，可能会在一定程度上增加莲荷径流小区的雨前土壤含水量，从而使其侵蚀临界降雨量更低，在雨量较小的条件下也能产生土壤流失。此外，在计算侵蚀性降雨标准的基础数据中，莲荷荒地小区小于 10 mm 的侵蚀性降雨较多，而青塘荒地小区小于 10 mm 的侵蚀性降雨仅 1 场，这也对雨量标准的计算产生了一定的影响。由于选取的径流小区均为荒地小区，植被覆盖率均较低，因此土壤类型对各小区雨强标准存在一定的影响。莲荷和青塘荒地小区的土壤类型均为红壤，该类土壤的黏性较大，在雨强较小的降雨初期易形成地表结皮，减少了土壤的流失；而井头荒地小区的花岗岩风化黄壤在次降雨过程中容易受到径流的冲击作用，从而形成较大的土壤流失。秋波荒地小区的雨量标准为 13.17 mm，雨强标准为 0.38 mm/h。由于秋波荒地小区的坡度为 5°，而其他荒地小区的坡度均为 10°，较低的坡度有效减缓了坡面的水土流失，所以导致紫色土小区的侵蚀性降雨雨强标准远低于其他各荒地小区，但秋波荒地小区的紫色土较为松散，其受雨量影响较大。此外，坡面微地形以及区域的降雨特性（例如同一雨量下降雨历时和降雨强度的差异）等原因也会引起各荒地小区侵蚀性降雨的雨量标准和雨强标准的差异。

**表 3–7　不同土壤类型和水土保持措施径流小区的基本情况**

| 径流场 | 小区编号 | 坡度/° | 坡位 | 土壤类型 | 成土母质 | 水土保持措施 | 植被种类 | 植被覆盖度/% |
|---|---|---|---|---|---|---|---|---|
| 井头径流场 | JT1 | 10 | 坡中部 | 黄壤 | 风化花岗岩 | 水保林 | 圆柏 | 75 |
| | JT2 | 10 | 坡中部 | 黄壤 | 风化花岗岩 | 绿化草皮 | 马尼拉草 | 95 |
| | JT3 | 10 | 坡中部 | 黄壤 | 风化花岗岩 | 撂荒 | 无 | 30 |
| 秋波径流场 | QB1 | 10 | 坡中部 | 紫色土 | 紫色页岩风化物 | 水保林 | 枫香、龙须草 | 80 |
| | QB2 | 13.5 | 坡中部 | 紫色土 | 紫色页岩风化物 | 种草、谷坊 | 芦竹 | 75 |
| | QB3 | 15.5 | 坡中部 | 紫色土 | 紫色页岩风化物 | 撂荒 | 无 | 10 |
| 莲荷径流场 | LH1 | 10 | 坡脚 | 红壤 | 第四纪红黏土 | 经果林 | 金钱橘、黑麦草 | 83 |
| | LH2 | 10 | 坡脚 | 红壤 | 第四纪红黏土 | 绿化草皮 | 马尼拉草 | 97 |
| | LH3 | 10 | 坡脚 | 红壤 | 第四纪红黏土 | 撂荒 | 无 | 56 |

注：QB2、QB3 小区为不规则自然小区，面积分别为 145 $m^2$ 和 152.5 $m^2$，其坡长、坡宽与 QB1 小区相近。

表 3-8 雨量（雨强）频率曲线及侵蚀性降雨标准

| 径流小区 | 频率曲线 | | $R^2$ | $P$=80% 对应的 $P_0$ 或 $I_0$ |
|---|---|---|---|---|
| 莲荷 6 号 | 雨量 | $P' = 65.835e^{-2.657P}$ | 0.9724 | $P_0$=7.86 mm |
| | 雨强 | $I' = 11.11e^{-2.797P}$ | 0.8626 | $I_0$=1.19 mm/h |
| 井头 3 号 | 雨量 | $P' = 112.52e^{-2.651P}$ | 0.8388 | $P_0$=13.50 mm |
| | 雨强 | $I' = 10.925e^{-2.991P}$ | 0.9257 | $I_0$=1.00 mm/h |
| 青塘 4 号 | 雨量 | $P' = 87.299e^{-1.846P}$ | 0.9286 | $P_0$=19.94 mm |
| | 雨强 | $I' = 15.319e^{-2.891P}$ | 0.9462 | $I_0$=1.49 mm/h |
| 秋波 3 号 | 雨量 | $P' = 71.861e^{-2.121P}$ | 0.9480 | $P_0$=13.17 mm |
| | 雨强 | $I' = 8.3902e^{-3.867P}$ | 0.9163 | $I_0$=0.38 mm/h |

表 3-9 侵蚀性降雨标准的检验

| 径流小区 | $P_0$（$I_0$） | $P'$（$I'$）-$PQ$ 关系曲线 | $R^2$ | $P_0$（$I_0$）对应的 $PQ$ 值 /% |
|---|---|---|---|---|
| 莲荷 6 号 | $P_0$=7.86 mm | $P_Q = -1.1910P' + 108.12$ | 0.9882 | 98.76 |
| | $I_0$=1.19 mm/h | $P_Q = -8.2542I' + 100.84$ | 0.9723 | 91.02 |
| 井头 3 号 | $P_0$=13.50 mm | $P_Q = -1.4650P' + 115.76$ | 0.9773 | 95.98 |
| | $I_0$=1.00 mm/h | $P_Q = -17.163I' + 108.62$ | 0.9415 | 91.46 |
| 青塘 4 号 | $P_0$=19.94 mm | $P_Q = -0.8887P' + 116.28$ | 0.9031 | 98.56 |
| | $I_0$=1.49 mm/h | $P_Q = -9.1893I' + 109.17$ | 0.9063 | 95.48 |
| 秋波 3 号 | $P_0$=13.17 mm | $P_Q = -2.4279P' + 112.77$ | 0.9008 | 80.79 |
| | $I_0$=0.38 mm/h | $P_Q = -25.200I' + 90.091$ | 0.9287 | 80.52 |

在同一计算方法下，赣北红壤区 12° 荒地小区的雨量标准为 9.97~11.40 mm，雨强标准为 0.756 mm/h。与之相比，在忽略坡度差异引起的较小影响下，从雨量标准来看，莲荷荒地小区的标准偏低，井头荒地小区的标准偏高，而青塘荒地小区的标准显著高于赣北荒地小区；从雨强标准来看，三个小区的雨强标准均远高于赣北荒地小区（秋波荒地小区为 5° 小区，未进行比较）。这一结果说明赣北红壤区的侵蚀性降雨标准对同为南方红壤区的湘中低山丘陵区的红壤及其他土壤类型的荒地小区的适用情况均较差。井头和秋波荒地小区的侵蚀性降雨量标准与通用土壤流失方程中规定的 12.70 mm 较为接近，略高于我国普遍采用的 10.00 mm 雨量标准。由于侵蚀性降雨标准的计算方式，频率 $PQ$ 的取值，径流小区土地利用类型、坡度以及观测数据年限等因素的差异，已有研究在西南紫色土区、西北黄土高原、东北黑土区以及南方红壤区的天然降雨条件下确定的侵蚀性降雨量标准在 8.9~18.9 mm 均有采用，雨强标准的选择也较为丰富，包括 I10、I30 和平均雨强等，其数值也存在较大变化，不同土壤条件下侵蚀性降雨标准没有明确的区分。由于复杂区域环境的差异，不同区域的侵蚀性降雨标准需因地制宜，

建议在湘中低山丘陵区基础资料较为完善的区域应利用较长时间序列的侵蚀性降雨统计资料确定各自的侵蚀性降雨标准，更有利于土壤流失的精准预测。而在基础资料较缺乏的区域可以采用与研究区域的土壤、坡度、植被等条件相近区域的降雨标准作为参考或采用我国普遍采用的 10.00 mm 雨量标准。

侵蚀性降雨导致坡面水土流失是一个复杂的自然过程，其与降雨的雨量、雨强等降雨特征相关，但若从单一指标来探讨，不能很好地反映降雨的综合特征。因此，以次降雨量、降雨历时以及平均降雨强度 3 个指标来进行侵蚀性降雨的降雨类型划分。

从表 3-10 不同侵蚀性降雨雨型特征参数可以看出，Ⅰ类降雨是一类大雨量、大雨强且历时较长的大暴雨；Ⅱ类降雨是低雨量、中等雨强、历时短的一类降雨；Ⅲ类降雨是一类雨量较大，但雨强极小、历时极长的连续性降雨；Ⅳ类降雨是一类雨量、雨强和降雨历时都适中的降雨；Ⅴ类降雨与Ⅰ类降雨相类似，尽管Ⅴ类降雨的雨量远低于Ⅰ类降雨，但Ⅴ类降雨也是一类雨量较大，雨强大且降雨历时较长的暴雨。从累积发生次数来看，Ⅱ类降雨和Ⅳ类降雨的频率远高于其他雨型，可分别占到侵蚀性次降雨的 54.84% 和 29.62%，是湘中低山丘陵区侵蚀性降雨频率最高的雨型。值得注意的是，尽管Ⅰ类降雨、Ⅲ类降雨和Ⅴ类降雨的次数较少，但其次降雨量大（均大于 60 mm），且Ⅰ类降雨和Ⅴ类降雨的平均雨强均大于 6.5 mm/h，对坡面的土壤侵蚀将产生显著的影响。

**表 3-10　不同侵蚀性降雨雨型特征参数**

| 降雨类型 | 特征值 | 平均值 | 变异系数 | 发生频次 |
|---|---|---|---|---|
| Ⅰ | 降雨量 /mm | 122.74 | 0.12 | 11 |
| | 降雨历时 /h | 22.05 | 0.54 | |
| | 平均雨强 /（$mm \cdot h^{-1}$） | 6.80 | 0.59 | |
| Ⅱ | 降雨量 /mm | 19.28 | 0.34 | 187 |
| | 降雨历时 /h | 9.00 | 0.76 | |
| | 平均雨强 /（$mm \cdot h^{-1}$） | 3.69 | 1.09 | |
| Ⅲ | 降雨量 /mm | 61.23 | 0.30 | 9 |
| | 降雨历时 /h | 62.81 | 0.30 | |
| | 平均雨强 /（$mm \cdot h^{-1}$） | 0.97 | 0.48 | |
| Ⅳ | 降雨量 /mm | 38.82 | 0.21 | 101 |
| Ⅳ | 降雨历时 /h | 19.93 | 0.50 | 101 |
| | 平均雨强 /（$mm \cdot h^{-1}$） | 3.02 | 0.96 | |

续表

| 降雨类型 | 特征值 | 平均值 | 变异系数 | 发生频次 |
|---|---|---|---|---|
| V | 降雨量 /mm | 74.48 | 0.15 | 33 |
| | 降雨历时 /h | 21.52 | 0.52 | |
| | 平均雨强 /（mm · $h^{-1}$） | 6.52 | 1.00 | |

## 3.3 侵蚀性降雨对不同土壤和水土保持措施坡面小区产流输沙特征的影响

水土流失是一个复杂的物质迁移变化过程，受降雨特性、地形地貌、土壤类型以及植被等多因素的共同影响。降雨是水蚀区土壤侵蚀发生的主要自然驱动因子，大量研究表明，坡面水土流失受雨量、雨强、降雨历时等降雨因子差异的显著影响，探究侵蚀性降雨对坡面径流泥沙流失的影响机制是坡面土壤侵蚀研究的基础性和前提性工作。土壤作为侵蚀的对象，土壤类型及其母质的差异会直接影响径流的产生以及泥沙的流失强度。在降雨发生后，植被对雨滴的截流、根系对土壤的固定作用将间接改变雨滴对土壤的作用效益，而工程措施对地表径流和泥沙的拦蓄将直接影响坡面产流输沙过程。湘中区域作为湖南省极易发生水土流失的区域之一，成土母质母岩类型多，山地丘陵的自然条件复杂。水土流失是多因子聚类的结果，其对不同因子的响应程度也存在较大差异，因而有必要进一步探究该区域侵蚀性降雨对不同土壤和水土保持措施等多因子影响下的坡面小区产流输沙特征及规律，这对布设区域水土保持生态防护措施和建立土壤侵蚀预报模型具有重要的指导作用和理论价值。

（1）不同水土保持措施小区次降雨坡面平均产流输沙特征

在相同降雨和土壤条件下，不同水土保持措施小区的径流输沙量也存在较大差异，详见表 3–11。黄壤小区 JT2 的径流深和土壤侵蚀量均明显低于 JT1 和 JT3，其减流率和减沙率可达 61.84% 和 87.89%，可见 JT2 铺设的绿化草皮水土保持效益较为明显；紫色土不同水保措施小区的径流深差异不大，均为 110~120 mm，但 QB1 土壤侵蚀量明显低于 QB2 和 QB3。可见，尽管 QB1 水保林减流效益较差，但其保土能力较好，减沙率可达 55.88%，而 QB2 人工种草和谷坊措施的组合水土保持能力不足。

表 3–11　不同水土保持措施小区侵蚀性降雨特征、年径流深和年侵蚀量

| 径流小区 | 年降水量 /mm | 年侵蚀降雨量 /mm | 占年降水量比例 /% | 侵蚀性降雨次数 / 次 | 径流深 /mm | 土壤侵蚀量 /（t · $km^{-2}$） |
|---|---|---|---|---|---|---|
| JT1 | 1288.6 | 793.0 | 61.54 | 19 | 43.82 | 39.48 |
| JT2 | 1288.6 | 471.9 | 36.62 | 12 | 13.28 | 4.85 |
| JT3 | 1288.6 | 793.0 | 61.54 | 19 | 34.80 | 40.05 |
| QB1 | 1404.6 | 636.7 | 45.33 | 20 | 112.41 | 134.20 |
| QB2 | 1404.6 | 636.7 | 45.33 | 20 | 113.60 | 263.94 |
| QB3 | 1404.6 | 636.7 | 45.33 | 20 | 123.00 | 297.45 |
| LH1 | 1246.5 | 966.2 | 77.51 | 40 | 278.34 | 1223.32 |
| LH2 | 1246.5 | 966.2 | 77.51 | 40 | 304.17 | 1162.59 |
| LH3 | 1246.5 | 966.2 | 77.51 | 40 | 219.49 | 1972.89 |

此外，坡度是坡面径流泥沙流失的重要影响因素，研究表明，在紫色土区 5° ~25° 径流小区中，径流深和泥沙流失量均呈总体上升趋势。尽管 QB1、QB2 和 QB3 小区的坡度存在一定差异，但因其差异较小，对坡面年径流深和年侵蚀量的影响有限；红壤小区 LH1 和 LH2 的径流深均高于 LH3，但其侵蚀量均明显低于 LH3，其减沙可达 37.99% 和 41.07%，这说明 LH1 经果林和 LH2 绿化草皮措施虽然不能减少坡面径流的产生，但能有效减少坡面土壤的流失。结合以上不同水土保持措施小区年径流输沙特征来看，在不同土壤条件下相近水土保持措施（水保林与经果林，铺设草皮与种草）以及同一土壤条件下不同水土保持措施（林地措施与草地措施）的水土保持效益均存在较大差异。总体来说，尽管各不同水土保持措施小区减流效益较差，但均能在一定程度上减少坡面土壤侵蚀的产生。

由于土壤类型、水土保持措施和植被等下垫面因素的差异，各小区坡面平均产流量和输沙量对侵蚀性次降雨的响应情况不尽相同（表 3–12）。从不同土壤类型的径流场来看，黄壤、紫色土和红壤小区次降雨平均径流系数分别为 0.04~0.08、0.23~0.26 和 0.26，平均径流深分别为 1.21~2.31 mm、5.62~6.15 mm 和 5.49~7.61 mm，平均含沙量分别为 0.25~1.06 g/L、1.10~2.17 g/L 和 3.69~8.81 g/L，平均土壤侵蚀量分别为 0.38~2.11 t/$km^2$、6.71~14.87 t/$km^2$ 和 29.06~49.32 t/$km^2$。可见，红壤小区的次降雨平均径流系数、平均径流深、平均含沙量和平均土壤侵蚀量均明显高于紫色土和黄壤小区，与年径流深和年侵蚀量的特征一致。

表 3-12　不同水土保持措施小区坡面次降雨径流泥沙平均流失量

| 径流小区 | 平均径流系数 | 平均径流深 /mm | 平均含沙量 / （g·L$^{-1}$） | 平均侵蚀量 / （t·km$^{-2}$） |
|---|---|---|---|---|
| JT1 | 0.08（0.05）$^{b}$ | 2.31（0.73）$^{c}$ | 0.85（0.27）$^{d}$ | 2.08（1.40）$^{c}$ |
| JT2 | 0.04（0.03）$^{b}$ | 1.21（0.73）$^{c}$ | 0.25（0.23）$^{d}$ | 0.38（0.37）$^{c}$ |
| JT3 | 0.07（0.05）$^{b}$ | 1.83（0.90）$^{c}$ | 1.06（0.44）$^{d}$ | 2.11（1.98）$^{c}$ |
| QB1 | 0.23（0.11）$^{a}$ | 5.62（1.78）$^{ab}$ | 1.10（0.67）$^{d}$ | 6.71（6.48）$^{c}$ |
| QB2 | 0.23（0.10）$^{a}$ | 5.68（1.77）$^{ab}$ | 2.05（1.33）$^{cd}$ | 13.20（12.11）$^{c}$ |
| QB3 | 0.25（0.11）$^{a}$ | 6.15（1.56）$^{ab}$ | 2.17（1.35）$^{c}$ | 14.87（12.14）$^{c}$ |
| LH1 | 0.26（0.13）$^{a}$ | 6.96（6.09）$^{ab}$ | 4.27（1.52）$^{b}$ | 30.58（29.75）$^{b}$ |
| LH2 | 0.26（0.13）$^{a}$ | 7.61（6.42）$^{a}$ | 3.69（1.40）$^{b}$ | 29.06（28.74 ）$^{c}$ |
| LH3 | 0.26（0.13）$^{a}$ | 5.49（4.97）$^{b}$ | 8.81（3.11）$^{a}$ | 49.32（47.97）$^{a}$ |

注：同列不同小写字母表示差异性显著。

在相同土壤和降雨条件下，同一径流场不同水土保持措施小区次降雨各项产流输沙参数的平均值也存在较大差异。黄壤小区 JT2 次降雨径流泥沙各项指标的平均值均远小于同一径流场的 JT1 和 JT3，次降雨平均径流泥沙流失较少。紫色土不同水土保持措施小区次降雨坡面平均径流系数和平均径流深的差异较小，QB2 次降雨坡面平均土壤侵蚀量和平均含沙量略低于 QB3，但 QB1 次降雨坡面平均土壤侵蚀量和平均含沙量均明显低于 QB3，次降雨减沙效益较为明显。红壤不同水土保持措施小区次降雨平均径流系数相同，但 LH1 和 LH2 次降雨坡面平均径流深均远大于 LH3。然而 LH1 和 LH2 次降雨坡面平均土壤侵蚀量和平均含沙量均远低于 LH3，次降雨减沙效益明显。可见，在相同侵蚀性降雨条件下，各小区次降雨坡面次降雨平均产流输沙与其年径流深和年侵蚀量的特征也基本一致。

土壤作为地表径流产生的界面以及侵蚀过程中被破坏的对象，受区域气候、地形、植被和人类活动等因素的影响，土壤及其母质的性质对地表径流泥沙的流失起着重要的作用。根据不同母质发育的土壤的物理性黏粒含量来看，花岗岩类风化物发育的土壤黏粒含量较低，一般在 30% 左右，质地多为沙壤至中壤土；紫色砂页岩类风化物发育土壤黏粒含量一般在 40% 左右，质地多为壤土；第四纪红土发育的土壤，黏粒含量在 50% 左右，质地多为重壤至黏土。井头径流场各小区土壤均为风化花岗岩黄壤，其土层深厚，质地偏沙，透水性好。黄壤各小区较低的径流系数（0.04~0.08）表明其坡面截流能力强，降雨径流转化率低，能有效减少坡面地表径流，且较低的径流含沙量也减少了土壤侵蚀量。秋波径流场各小区土壤均为紫色页岩风化物形成的紫色土，以粉壤质为主，多为重壤土，虽然径流系数较高，但含沙量较低，也在一定程度上减少了坡面泥沙的流失。而莲荷径流场各小区土壤均为第四纪红黏土红壤，其质地较黏重，为重壤至黏土，土体紧实，通水透气性较差。红壤遇水易膨胀形成糊状，易产生结皮效应，导致降雨过程中下渗较慢，易形成地表径流，并带走大量表层土壤。较高的径流系数和含沙量使得红壤各小区的径流深和侵蚀量远高于黄壤和紫色土各小区。尹先平等对赣江源区不同土壤的抗蚀性研究表明，红壤的抗蚀性远小于黄壤和紫色土，这一结果与本文相一致，说明不同土壤条件下，坡面侵蚀的显著差异与土壤自身的抗蚀性存在较大联系。

（2）不同降雨类型坡面累积径流泥沙特征

根据雨型划分和次降雨坡面径流泥沙流失情况，可得不同雨型下各小区坡面产流输沙的总量特征（表 3–13）及其占年径流深和年侵蚀量的比值（图 3–19、图 3–20）。在各黄壤小区，不同雨型引起的坡面累积产流输沙量均呈现 B 类降雨＞ C 类降雨＞ A 类降雨特征。B 类降雨占总侵蚀性降雨场次的 52.63%~54.54%，产生的径流深和侵蚀量分别占各小区总径流深和总侵蚀量的 53.66%~64.75% 和 54.96%~69.85%。在各紫色土小区，不同雨型引起各小区坡面累积产流均呈 B 类降雨＞ C 类降雨＞ A 类降雨特征，累积输沙量均呈现 C 类降雨＞ B 类降雨＞ A 类降雨特征。B 类降雨占总侵蚀性降雨场次的 55%，为各小区贡献了 43.24%~47.64% 的径流，而占总侵蚀性降雨场次 30% 的 C 类降雨为各小区贡献了 58.96%~65.28% 的侵蚀量。在各红壤小区，坡面产流输沙量均呈现 B 类降雨＞ C 类降雨＞ A 类降雨的特征。B 类降雨占总侵蚀性降雨场次的 80%，为各小区贡献了 70.52%~71.64% 的径流以及 67.02%~69.10% 的土壤侵蚀。

**表 3–13　不同侵蚀性降雨类型下各径流小区产流输沙累积量**

| 雨型 | 径流小区 | JT1 | JT2 | JT3 | QB1 | QB2 | QB3 | LH1 | LH2 | LH3 |
|---|---|---|---|---|---|---|---|---|---|---|
| A | 降雨场数 | 2 | 1 | 2 | 3 | 3 | 3 | 6 | 6 | 6 |
| | 累积径流深 /mm | 3.43 | 0.61 | 1.83 | 18.23 | 17.70 | 17.90 | 31.78 | 35.68 | 26.32 |
| | 累积侵蚀量 /t·km$^{-2}$ | 2.06 | 0.09 | 1.65 | 15.40 | 23.02 | 24.63 | 104.10 | 103.21 | 183.59 |
| B | 降雨场数 | 10 | 6 | 10 | 11 | 11 | 11 | 32 | 32 | 32 |
| | 累积径流深 /mm | 23.51 | 8.60 | 20.32 | 48.61 | 50.5 | 58.60 | 198.62 | 217.92 | 154.78 |
| | 累积侵蚀量 /t·km$^{-2}$ | 23.51 | 2.92 | 22.01 | 35.70 | 68.63 | 97.44 | 834.20 | 803.35 | 1322.26 |
| C | 降雨场数 | 7 | 4 | 7 | 6 | 6 | 6 | 2 | 2 | 2 |
| | 累积径流深 /mm | 16.88 | 4.07 | 12.66 | 45.57 | 45.4 | 46.50 | 47.94 | 50.57 | 38.39 |
| | 累积侵蚀量 /t·km$^{-2}$ | 13.92 | 1.19 | 16.39 | 83.10 | 172.29 | 175.39 | 285.03 | 256.03 | 467.04 |

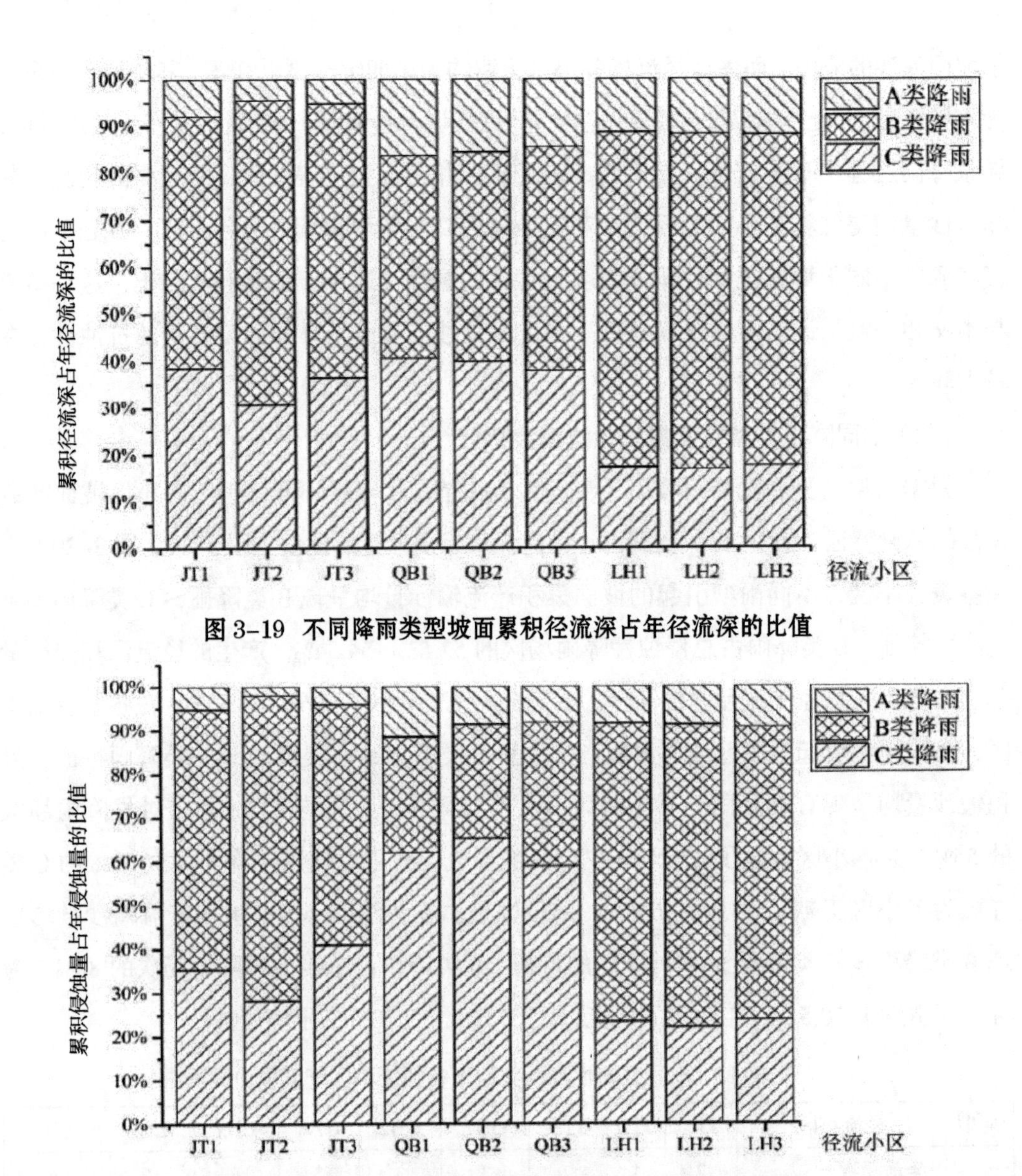


图 3-19 不同降雨类型坡面累积径流深占年径流深的比值

图 3-20 不同降雨类型坡面累积侵蚀量占年侵蚀量的比值

综合来看 B 类雨型是各小区的主要侵蚀降雨类型，占各小区侵蚀性降雨场次的 50% 以上，也是黄壤和红壤小区坡面产流产沙以及紫色土小区产流的主导雨型，C 类降雨是导致各紫色土小区土壤侵蚀发生的主导雨型。

（3）不同降雨类型下次降雨坡面平均产流输沙量的特征

各径流小区在不同土壤、雨型和水土保持措施下坡面次降雨平均产流量与平均输沙量存在较大差异（图 3-21、图 3-22）。不同水土保持措施黄壤小区在同一雨型下坡面平均径流深和平均侵蚀量均呈 JT1 ＞ JT3 ＞ JT2 特征；从不同雨型来看，黄壤各小区坡面平均径流量和平均土壤侵蚀量均呈 B 类≈ C 类＞ A 类特征。不同水土保持措施紫色土小区在同一雨型下次降雨平均径流深差异较小，但平均侵蚀量差异较大，呈 QB3 ＞ QB2 ＞ QB1 特征；从不同雨型来看，紫色土各小区坡面平均径流量和平均土壤侵蚀量均呈 C 类＞ A 类＞ B 类特征。不同水土保持措施红壤小区在同一雨型下坡面次降雨平均径流深呈 LH2 ＞ LH1 ＞ LH3 特征，平均土壤侵蚀量均呈 LH3 ＞ LH1 ＞ LH2 特征；从不同雨型来看，红壤各小区次降雨平均径流量和次降雨平均土壤侵蚀量均呈 C 类＞ B 类＞ A 类特征。

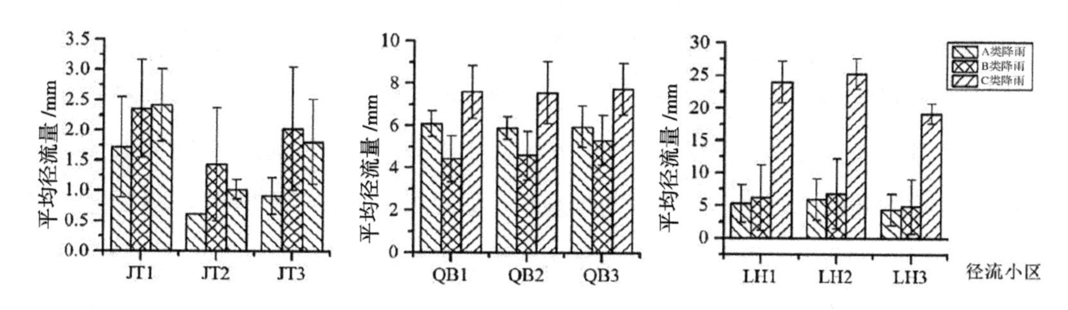


**图 3-21　不同雨型次降雨坡面平均径流量**

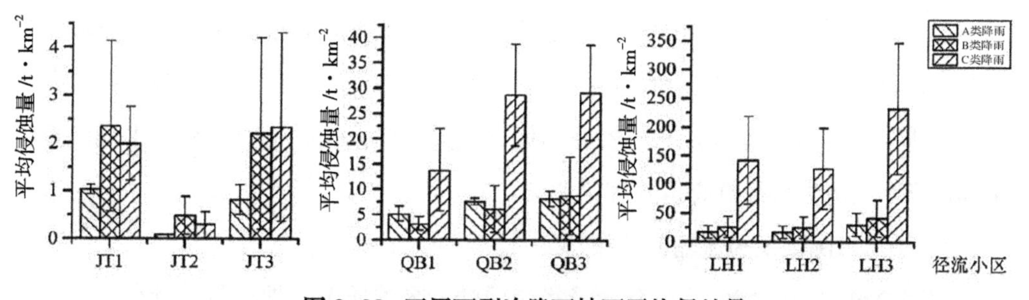


**图 3-22　不同雨型次降雨坡面平均侵蚀量**

总体来说，C 类降雨在不同水土保持措施小区的次降雨平均径流量和次降雨平均土壤侵蚀量均高于其他雨型，是单次降雨引起径流泥沙流失量最大的雨型。

降雨是地表径流产生的前提条件，降雨和地表径流是水蚀区侵蚀发生的主要驱动力和载体。前人对黄土高原、西南喀斯特地区、南方红壤区等区域的次降雨雨型与土壤侵蚀进行了大量的研究，将侵蚀性降雨划分为 3、4、5 类，但普遍认为高强度、短历时的降雨是造成各区域侵蚀发生的重要雨型。根据对湘中低山丘陵区侵蚀降雨的雨型划分，可以看出雨强小、历时长、雨量低且频率低的 A 类降雨，侵蚀能力较弱，对坡面年径流深和年侵蚀量的贡献有限。尽管在该区域较为常见的雨强大、历时短、雨量低的 B 类降雨对土壤的破坏时间持续短，单次降雨造成的径流和泥沙流失有限，但由于其出现频率较高，进而累积径流量和土壤侵蚀量大，应重点防范。雨强适中、历时长且雨量高的 C 类降雨将直接导致对坡面土壤的持续破坏，从而导致较强烈的径流泥沙流失。尽管其出现频率较低，但其带来的水土流失不容忽视。

## 3.4 小流域径流输沙效应及其对侵蚀性降雨的响应研究

降雨是诱发水蚀区水土流失的先决条件，不同地形部位流失的土壤大部分是在降雨期间流失的，在无降雨事件发生的情况下几乎没有水土流失，而包括土壤、地类等下垫面因子的差异只是在降雨发生之后对土壤的流失起到了加速或降低的作用。因此，研究侵蚀性降雨对径流输沙的差异对于控制水土流失具有重要的现实意义。虽然在上一章节中对径流小流域尺度水土流失进行了深入研究，其研究结果也较为精确，但是其代表的地貌单元较小，仅反映一个较小坡面水土流失，研究的结果推广到大区域尺度存在一定的局限，研究不同尺度与景观耦合下的水土流失问题仍是水土保持急需解决的问题。小流域是一个闭合的自然集水区域，集水区内各种人为活动易观测，地形地貌易监测，且流域四周坡面的水土流失会集中于流域的开口处，有利于径流泥沙的监测。而大区域尺度（中流域）水土流失研究因其地貌单元较大，所代表的区域复杂性等原因，将对研究结果的精度产生一定的影响。因此，研究小流域尺度径流输沙效应及其对侵蚀性降雨的响应有利于进一步认识次降雨条件下小流域径流输沙特征，为小流域水土保持综合治理以及水土资源的优化配置提供依据，也对探究湘中低山丘陵区不同尺度水土流失特征具有重要理论意义。

（1）小流域降雨及径流输沙分布特征

根据两个试验小流域的逐日降雨及径流泥沙（悬移质）数据进行统计分析，可得两个试验小流域年度和各月度降雨量、径流量以及输沙量的分布情况（表 3–14）。2015 年秋波小流域和五七河小流域的年降雨量分别为 1404.6 mm 和 1627.7 mm（均为平水年），年径流量分别为 83.67 万 $m^3$（全年）和 51.42 万 $m^3$（1—11 月），年输沙量分别为 87.05 t（全年）和 28.07 t（1—11 月）（五七河小流域 2015 年 12 月降雨量仅 3 mm，对年径流和输沙量的影响极小）。

**表 3–14 试验小流域降雨及径流输沙月度分布统计表**

| 小流域 | | 月份 | | | | | | | | | | | | 合计 |
|---|---|---|---|---|---|---|---|---|---|---|---|---|---|---|
| | | 1 月 | 2 月 | 3 月 | 4 月 | 5 月 | 6 月 | 7 月 | 8 月 | 9 月 | 10 月 | 11 月 | 12 月 | |
| 秋波 | 降雨量 /mm | 8.3 | 27.2 | 132.5 | 91.9 | 155 | 104.0 | 197.9 | 106.2 | 50.8 | 132.8 | 265.5 | 132.5 | 1404.6 |
| | 径流量 / 万 $m^3$ | 1.49 | 1.49 | 2.92 | 2.41 | 4.60 | 4.77 | 18.01 | 25.24 | 4.38 | 4.38 | 8.34 | 5.64 | 83.67 |
| | 输沙量 /t | 0.07 | 0.07 | 7.01 | 3.89 | 6.81 | 6.93 | 27.02 | 17.53 | 1.54 | 2.15 | 11.92 | 2.11 | 87.05 |

续表

| 小流域 | | 月份 | | | | | | | | | | | | 合计 |
|---|---|---|---|---|---|---|---|---|---|---|---|---|---|---|
| | | 1月 | 2月 | 3月 | 4月 | 5月 | 6月 | 7月 | 8月 | 9月 | 10月 | 11月 | 12月 | |
| 五七河 | 降雨量/mm | 25.8 | 37.7 | 72.6 | 86.2 | 254.1 | 375.8 | 228.5 | 231.7 | 75.6 | 86.0 | 153.7 | 3.0 | 1627.7 |
| | 径流量/万 $m^3$ | 1.42 | 1.22 | 1.31 | 4.62 | 8.00 | 6.95 | 6.27 | 5.44 | 4.92 | 3.96 | 7.31 | — | 51.42 |
| | 输沙量/t | 0 | 0 | 0.21 | 5.49 | 6.61 | 10.82 | 2.19 | 1.30 | 0.13 | 0.18 | 1.14 | — | 28.07 |

从总量来看，两个小流域的年降雨量差距较小，年径流量存在一定差距，而年输沙量存在显著的差距。但考虑到两个小流域的面积（秋波小流域 1.68 $km^2$，五七河小流域 1.18 $km^2$）时，两个小流域的年径流模数相差较小（秋波小流域 49.80 万 $m^3/km^2$，五七河小流域 43.58 万 $m^3/km^2$），但年输沙模数存在显著差异（秋波小流域 51.82 $t/km^2$，五七河小流域 23.79 $t/km^2$），这可能在一定程度上受五七河小流域较高的综合治理程度的影响。从统计表中可以看出两个试验小流域的月度降雨量、径流量和输沙量均极不均匀。秋波小流域月度降雨量在 8.3~265.5 mm，除 1、2、9 三个月的降雨量较低外，其余各月的降雨量均在 90 mm 以上，而五七河小流域的月度降雨量在汛期（5—8 月）和非汛期具有明显的差异，其中汛期总降雨量占全年总降水量的 66.85%。秋波小流域月径流量在 1.49~25.24 万 $m^3$ 之间，月输沙量在 0.07~27.02 t 之间，其中 7、8 两个月的径流量和输沙量均明显高于其他月份。五七河小流域月径流量 1.22~8.00 万 $m^3$ 之间，月输沙量在 0~6.61 t 之间，汛期（5—8 月）的径流量和输沙量分别占全年径流量和全年输沙量的 51.85% 和 74.53%。

（2）基于次降雨的小流域水沙变化特征

秋波小流域和五七河小流域 2015 年观测的次降雨事件分别为 38 场和 37 场。根据两个小流域逐场次降雨事件的降雨及径流泥沙数据进行统计分析，可得到两个小流域次降雨事件的径流输沙特征（表 3-15）。秋波小流域次降雨事件的次降雨量（$P$）、次降雨历时（$D$）和次降雨平均雨强（$I$）分别在 12.50~88.00 mm、60.00~3850.00 min 和 0.50~13.40 $mm \cdot h^{-1}$ 之间，其中次降雨量大于 50.00 mm 的暴雨事件仅发生 6 次，占次降雨事件的 15.79%。各场次降雨的径流深（$H$）、洪峰流量（$Q_{max}$）、输沙模数（$M_s$）和平均含沙量（$C$）分别在 0.34~18.94 mm、0.021~0.414 $m^3/s$、0.0050~0.3940 $t/km^2$ 和 0.02~0.64 $kg/m^3$ 之间。值得注意的是，在秋波小流域次降雨的降雨以及径流输沙各项参数中仅次降雨的降雨侵蚀力（$R$）和次降雨前 3 天降雨量（$P_a$）的变异系数均大于 1.00，说明该小流域各场次降雨之间的变化较小。五七河小流域次降雨事件的次降雨量、次降雨历时和次降雨平均雨强分别在 1.50~140.80 mm、34.00~2544.00 min 和 0.70~12.10 mm/h 之间，其中次降雨量大于 50.00 mm 的暴雨事件仅发生 7 次，占次降雨事件的 18.92%。各场次降雨的径流深、洪峰流量、输沙模数和平均含沙量分别在 0.11~7.56 mm、0.017~0.583 $m^3/s$、0.0001~0.0578 $t/km^2$ 和 0.08~3.74 $kg/m^3$ 之间。值得注意的是，除次降雨量、次降雨历时以及 $I_{30}$ 外，五七河小流域其他降雨以及径流输沙指标的变异系数均大于 1.00，说明各场次降雨之间的特征差异较大。

总体来看，尽管秋波小流域和五七河小流域在 2015 年的次降雨事件发生的次数较近，但两个试验小区在次降雨的降雨、径流及输沙各项指标的均存在一定差异，其中以次降雨的径流深、输沙模数和平均含沙量差异最为显著。秋波小流域这 3 项指标的平均值均远大于五七河小流域。在各项降雨参数差异较小的情况下，这一差异可能与小流域的土壤类型、植被条件等下垫面条件存在较大关联。虽然五七河小流域次降雨的平均含沙量较高，但因其径流深较低，因此平均输沙模数远低于秋波小流域。特别地，五七河小流域各项指标的变异系数均大于秋波小流域，说明五七河小流域在次降雨过程中径流输沙情况受外界复杂环境的影响更为剧烈。

**表 3-15　基于次降雨事件的径流输沙特征**

| | 秋波小流域（$n$=38） | | | | 五七河小流域（$n$=37） | | | |
|---|---|---|---|---|---|---|---|---|
| 参数 | 最小值 | 最大值 | 平均值 | 变异系数 | 最小值 | 最大值 | 平均值 | 变异系数 |
| $P$/mm | 12.50 | 88.00 | 28.60 | 0.65 | 1.50 | 140.80 | 32.73 | 0.82 |
| $D$/min | 60.00 | 3850.00 | 1088.03 | 0.75 | 34.00 | 2544.00 | 765.95 | 0.81 |
| $I$/（$mm \cdot h^{-1}$） | 0.50 | 13.40 | 2.67 | 0.99 | 0.70 | 12.10 | 4.55 | 1.25 |
| $I_{30}$/（$mm \cdot h^{-1}$） | 3.00 | 42.60 | 16.13 | 0.59 | 1.60 | 66.50 | 19.00 | 0.81 |
| $R$/［$MJ \cdot mm/(ha \cdot h)$］ | 5.10 | 483.00 | 109.93 | 1.14 | 0.20 | 1490.00 | 185.48 | 1.74 |
| $P_a$/mm | 0 | 73.50 | 11.36 | 1.48 | 0 | 141.10 | 20.73 | 1.49 |
| $H$/mm | 0.34 | 18.94 | 5.39 | 0.85 | 0.11 | 7.56 | 1.23 | 1.44 |
| $R_c$ | 0.02 | 0.64 | 0.20 | 0.75 | 0.01 | 0.57 | 0.05 | 1.97 |
| $Q_{max}$/（$m^3 \cdot s^{-1}$） | 0.021 | 0.414 | 0.111 | 0.98 | 0.017 | 0.583 | 0.101 | 1.50 |
| $M_s$/（$t \cdot hm^{-2}$） | 0.0050 | 0.3940 | 0.1260 | 0.87 | 0.0001 | 0.0578 | 0.0064 | 1.71 |
| $C$/（$kg \cdot m^{-3}$） | 0.02 | 0.64 | 0.22 | 0.76 | 0.08 | 3.74 | 0.62 | 1.06 |

注：参数中 $P$ 为次降雨量、$D$ 为次降雨历时、$I$ 为次降雨平均雨强、$I_{30}$ 为次降雨最大 30 雨强、$R$ 为降雨侵蚀力、$P_a$ 为次降雨前 3 天降雨总量、$H$ 为径流深、$R_c$ 为径流系数、$Q_{max}$ 为洪峰流量、$M_s$ 为输沙模数、$C$ 为平均含沙量。

次降雨事件中洪峰径流量的变化对于降雨灾害的预防以及泥沙运移均有重要影响。将各降水事件按照小流域次降雨的最大洪峰流量从大到小排列，并求出各最大洪峰流量对应的频率 $P$（$P=m/n$，$m$ 代表该次降雨的序列号，$n$ 代表序列总数，$1 \leqslant m \leqslant n$），即可得到两个小流域最大次洪峰流量的频率分布情况（图 3-23）。从图中，我们可以看出龙堰小流域和五七河小流域次降雨最大次洪峰流量在 0.400 $m^3/s$ 以上的事件分别为 1 场和 3 场，而最大次洪峰流量低于 0.100 $m^3/s$ 的事件分别为 25 场和 30 场，其占对应次降雨总场次的频率分别为 65.79% 和 81.08%，说明两个试验小流域中 65% 以上的次降雨的最大洪峰流量较低。

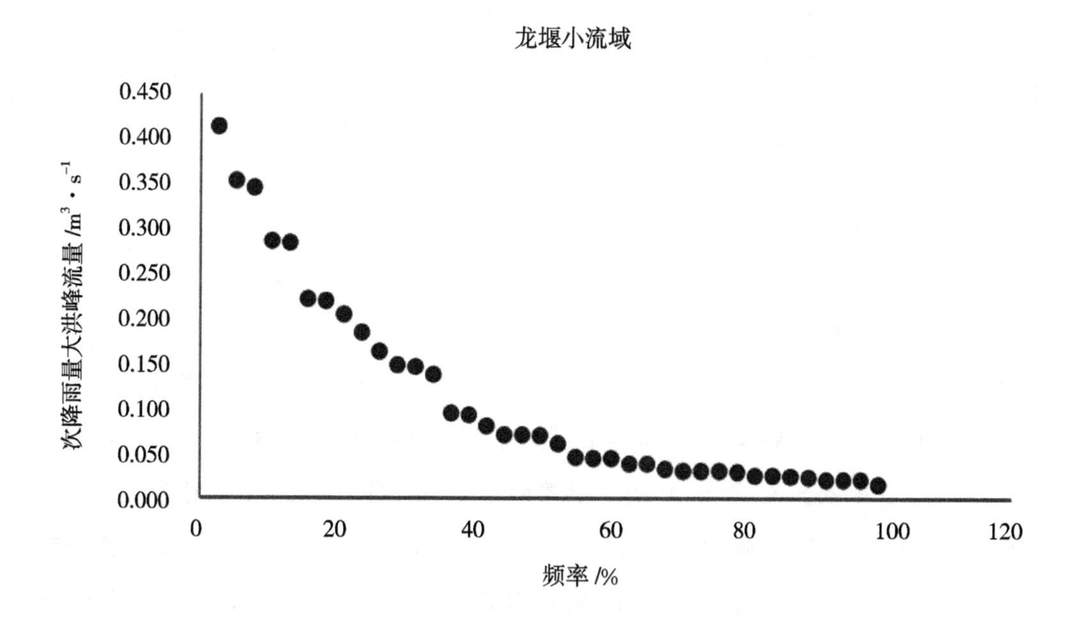


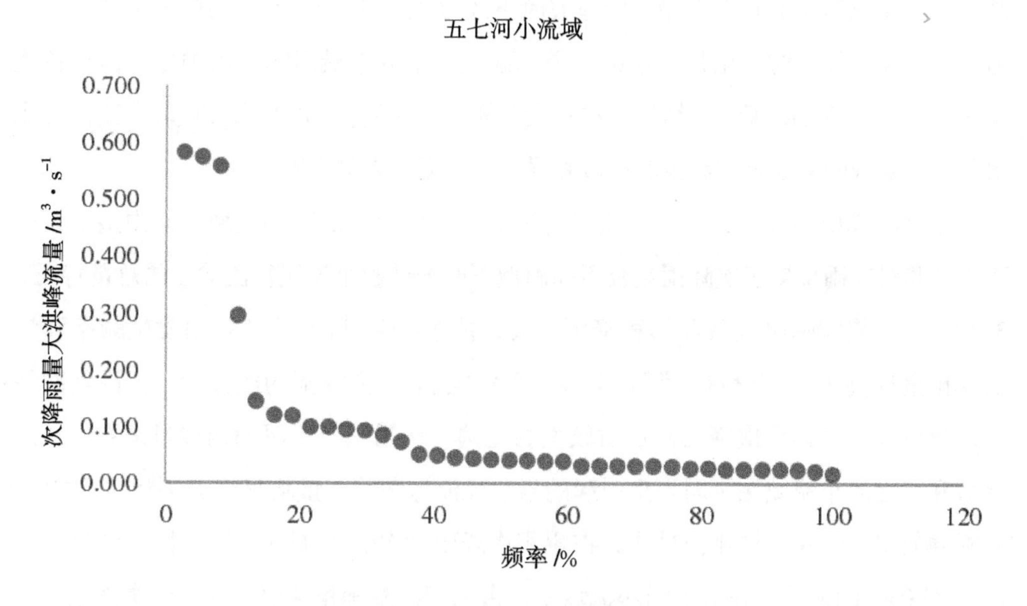


**图 3-23 试验小流域次降雨最大次洪峰流量频率分布情况**

（3）小流域次降雨径流输沙对降雨类型的响应

**表 3–16 基于次降雨的小流域降雨类型划分**

| 降雨类型 | 特征值 | 平均值 | 变异系数 | 发生频次 |
|---|---|---|---|---|
| A′ | 降雨量 /mm | 71.79 | 0.41 | 7 |
| | 降雨历时 /h | 38.71 | 0.2 | |
| | 平均雨强 /mm・$h^{-1}$ | 2.64 | 0.94 | |
| B′ | 降雨量 /mm | 19.46 | 0.35 | 55 |
| | 降雨历时 /h | 11.41 | 0.75 | |
| | 平均雨强 /mm・$h^{-1}$ | 3.72 | 0.98 | |
| C′ | 降雨量 /mm | 48.67 | 0.18 | 12 |
| | 降雨历时 /h | 19.99 | 0.48 | |
| | 平均雨强 /mm・$h^{-1}$ | 3.44 | 0.76 | |

从上表中各降雨类型特征值的聚类中心可以看出，在降雨量上，A′ 类＞ B′ 类＞ C′ 类；在降雨历时上，A′ 类＞ C′ 类＞ B′ 类；在平均雨强上，B′ 类＞ C′ 类＞ A′ 类；在发生频次上，B′ 类＞ C′ 类＞ A′ 类。A′ 类降雨是小雨强，长历时，大雨量，出现频率较低的一类降雨；B′ 类降雨是大雨强，短历时，雨量较小，但频率较高的一类降雨；C′ 类降雨是一类雨强，降雨历时和雨量均为中等水平，且频率较低的降雨。这一分类结果与不同土壤和不同水土保持措施坡面小区的 2015 年侵蚀性降雨的分类结果较为相似，大雨强，短历时，雨量较小的一类降雨是发生频率最高的降雨类型，但与各荒地小区多年的侵蚀性降雨划分结果存在较大差异，这一现象可能受研究区域降雨的变化、参与雨型划分的降雨事件数量和区域差异等多方面因素的影响。

根据次降雨过程中次降雨径流输沙情况，可得两个试验小流域不同雨型的累积降雨次数和对应雨型累积次降雨量及不同雨型下两个试验小流域径流输沙的总量特征（表 3–17）。从累积降雨次数和累积降雨量看，两个小流域的 B′ 类降雨发生频率和累积次降雨量远高于 A′ 类和 C′ 类降雨。尽管 A′ 类和 C′ 类降雨的次数少，但因其次降雨的雨量较大，其累积次降雨量也占较大的比例。从累积径流深和输沙量来看，秋波小流域和五七河小流域在不同雨型引起的累积径流深和输沙量均呈现 B′ 类＞ C′ 类＞ A′ 类降雨的特征。在秋波小流域中，占累积次降雨量 52.10% 的 B′ 类产生了 55.98% 的径流和 77.08% 的泥沙；在五七河小流域中，占累积次降雨量 47.11% 的 B′ 类降雨产生了 71.29% 的径流和 65.22% 泥沙，可见 B′ 类降雨是该小流域径流输沙产生的主导雨型。

表 3-17　不同降雨类型下累积降雨量统计表

| | 降雨类型 | A′ | B′ | C′ | 合计 |
|---|---|---|---|---|---|
| 秋波小流域 | 累积降雨次数 | 3 | 29 | 6 | 38 |
| | 占总降雨次数比例 /% | 7.89 | 76.32 | 15.79 | 100 |
| | 累积次降雨量 /mm | 221.70 | 566.20 | 298.80 | 1086.70 |
| | 占总降雨量比例 /% | 20.40 | 52.10 | 27.50 | 100 |
| | 累积径流深 /mm | 36.49 | 114.60 | 53.61 | 204.70 |
| | 占总径流深的比例 /% | 17.83 | 55.98 | 26.19 | 100 |
| | 累积侵蚀量 /（$t/hm^2$） | 0.45 | 3.70 | 0.65 | 4.80 |
| | 占总输沙量的比例 /% | 9.38 | 77.08 | 13.54 | 100 |
| 五七河小流域 | 累积降雨次数 | 4 | 26 | 6 | 36 |
| | 占总降雨次数比例 /% | 11.11 | 72.22 | 16.67 | 100 |
| | 累积次降雨量 /mm | 280.80 | 504.10 | 285.20 | 1070.10 |
| | 占总降雨量比例 /% | 26.24 | 47.11 | 26.65 | 100 |
| 五七河小流域 | 累积径流深 /mm | 6.42 | 32.43 | 6.64 | 45.49 |
| | 占总径流深的比例 /% | 14.11 | 71.29 | 14.60 | 100 |
| | 累积侵蚀量 /（$t/hm^2$） | 0.01 | 0.15 | 0.07 | 0.23 |
| | 占总输沙量的比例 /% | 4.35 | 65.22 | 30.43 | 100 |

在秋波小流域，A′ 类、B′ 类和 C′ 类降雨的平均径流深差异较大，其数值分别为 12.16 mm、3.95 mm 和 8.93 mm，而 A′ 类、B′ 类和 C′ 类降雨下平均输沙模数差异较小，其数值分别为 0.15 $t/hm^2$、0.13 $t/hm^2$ 和 0.11 $t/hm^2$。从平均径流深来看，不同雨型下的径流深与对应雨型的次降雨量呈现相同的规律，均为 A′ 类＞ C′ 类＞ B′ 类降雨，说明次降雨量对径流深有较大影响。从平均输沙模数来看，不同雨型下的平均输沙模数差距较小，但小雨强、长历时、大雨量的 A′ 类降雨的平均输沙模数略高于其他雨型，是秋波小流域单次降雨平均输沙模数最大的一类降雨。尽管 C′ 类降雨的平均雨量和平均径流深均远大于 B′ 类降雨，但 C′ 类降雨的平均输沙模数却略低于 B′ 类降雨，可能是由于 B′ 类降雨较高的降雨强度，加剧了坡面的土壤侵蚀，造成了大量的土壤随径流的迁移而流失。在五七河小流域，不同降雨类型下平均径流深差异较大，A′ 类、B′ 类和 C′ 类降雨下平均径流深分别为 1.61 mm、1.20 mm 和 1.11 mm，说明雨量对小流域的径流影响较大。然而不同降雨类型下平均输沙模数差异较大，平均输沙模数分别为 0.0031 $t/hm^2$、0.0057 $t/hm^2$ 和 0.0113 $t/hm^2$，雨量较大的 B′ 类和 C′ 类降雨下的平均输沙模数远大于 A′ 类降雨，说明雨量对该小流域的土壤侵蚀影响作用较强。

如图 3-24 所示，秋波小流域在不同降雨类型下次降雨平均次径流深和次输沙模数分别在 3.95~12.16 mm 和 0.11~0.15 t/hm$^2$ 之间，而五七河小流域的平均次径流深和次输沙模数分别在 1.11~1.61 mm 和 0.0031~0.0113 t/hm$^2$ 之间，可见两个试验小流域次降雨过程中的平均次径流深和平均次输沙模数在整体水平下存在显著性差异，秋波小流域在不同降雨类型下次降雨平均径流深和输沙模数远高于五七河小流域。这一结果可能受两个小流域的土壤类型、土地利用结构、小流域的形状以及综合治理程度等各因素相互作用的复杂影响机制有关，需进一步探究。

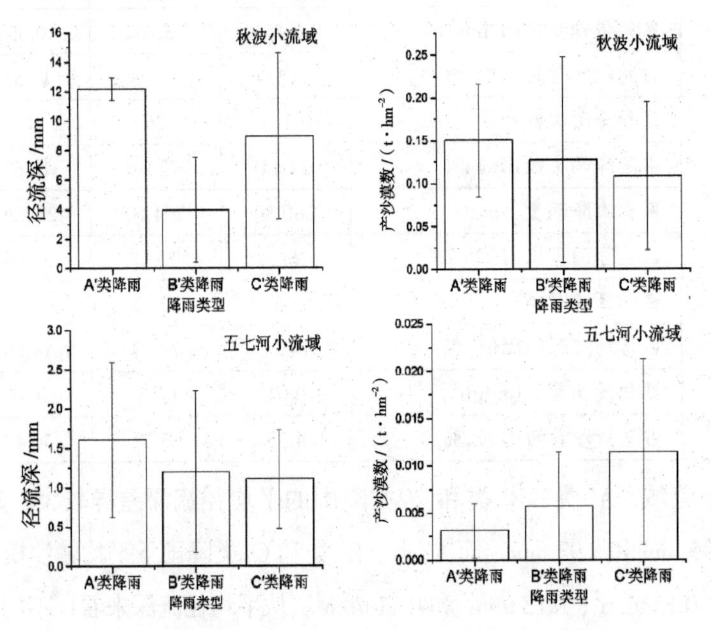


**图 3-24 试验小流域不同雨型平均径流深与平均输沙模数**

通过对秋波和五七河试验小流域次降雨的降雨因子（次降雨量 $P$、次降雨历时 $D$、次降雨平均雨强 $I$、次降雨 30 min 最大雨强 $I_{30}$、次降雨前 3 天降雨量 $P_a$）、径流因子（次径流深 $H$、次降雨最大洪峰流量 $Q_{max}$）以及输沙因子（次降雨输沙模数 $M_s$）进行 Pearson 相关分析（表 3-18），可看出两个小流域在次降雨过程中径流输沙对降雨因子的响应情况存在较大差异。

**表 3-18 试验小流域次降雨径流泥沙与降雨特征参数的相关分析**

| 小流域 | | $P$ | $D$ | $I$ | $I_{30}$ | $P_a$ | $PI_{30}$ | $H$ | $Q_{max}$ |
|---|---|---|---|---|---|---|---|---|---|
| 秋波 | $H$ | 0.666★★ | 0.332★ | 0.082 | 0.305 | 0.172 | 0.600★★ | — | — |
| | $M_s$ | 0.114 | 0.063 | 0.191 | 0.071 | 0.153 | 0.129 | 0.069 | 0.119 |
| 五七河 | $H$ | 0.388★ | 0.169 | −0.108 | 0.022 | −0.171 | 0.320 | — | — |
| | $M_s$ | 0.633★★ | 0.036 | 0.033 | 0.396★★ | −0.044 | 0.613★★ | 0.661★★ | 0.509★★ |

注：★ 为在 $P < 0.05$ 水平（双侧）上显著相关，★★ 为在 $P < 0.01$ 水平（双侧）上极显著相关。

在秋波小流域，径流深、降雨量和 $PI_{30}$ 均极显著相关，与降雨历时显著相关，而输沙模数与各降雨特征参数和径流参数均无明显相关性，这一结果说明秋波小流域次降雨事件中径流受降雨量的影响较大，而降雨和径流的变化均难以反映侵蚀泥沙在次降雨中的变化。在五七河小流域，径流深仅与降雨量存在显著相关关系，输沙模数与 $P$、$I_{30}$ 和 $PI_{30}$ 等降雨参数以及 $H$ 和 $Q_{max}$ 径流参数均存在显著或极显著相关关系，水沙关系较好。

## 3.5 区域水土流失治理成效

（1）识别了退耕还林还草发生区

为治理水土流失，我国政府先后实施了天然林保护、长江中上游水土流失综合治理、退耕还林还草等一系列生态恢复工程。其中，退耕还林还草是我国乃至世界上最大的一项生态恢复工程，是治理水土流失的有效途径。随着工程实施的深入，对生态系统服务功能产生了显著影响。我们选取了中国水土保持区划三级区湘中低山丘陵保土人居环境维护区（Ⅴ-4-6 tr）为研究对象。该三级区属于国家一级区南方红壤区（Ⅴ），二级区江南山地丘陵区（Ⅴ-4），土地总面积 86183.3 km$^2$（图 3-25）。该区域东、西、南三面围山，北部开口，形成马蹄形盆地，境内丘岗连绵，盆谷镶嵌，相对高差可达 1900 m，地形地貌的异质性较大。水热资源丰富，但地区差异大，雪峰山区降水丰富，衡阳盆地则是少雨区，降水量在 1200 mm 左右，且多集中于夏季，常有暴雨发生。该区域人口密度大，城镇化率高，开发建设活动频繁。自然因素和人为活动综合作用，导致该区水土流失严重，人居环境恶化。水土流失主要发生在坡耕地、稀疏林地和经济林地，以及城镇建设区域，年平均

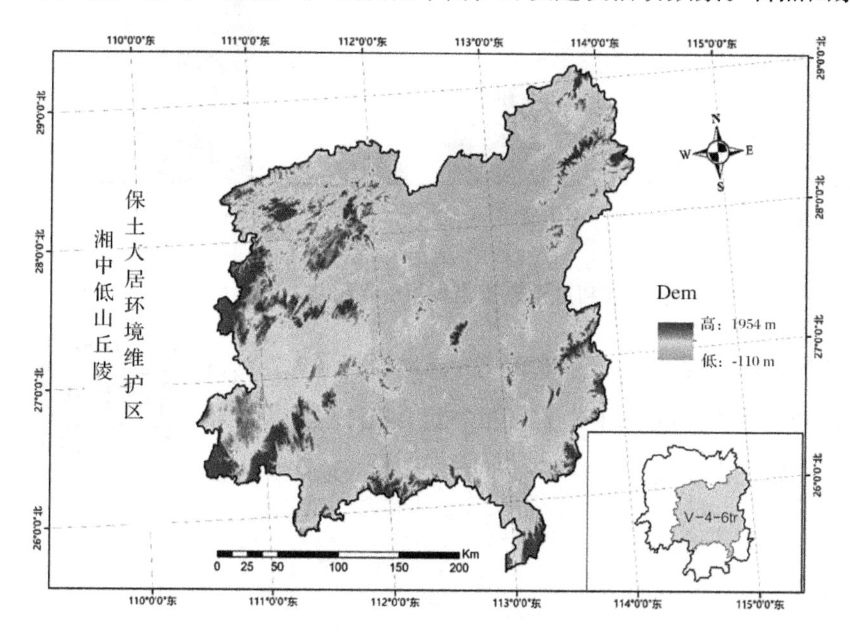


图 3-25 研究区位置图

土壤侵蚀模数 4200 t/km$^2$，水土流失面积 157217 km$^2$，占区域总面积的 17.6%，以轻度、中度水土流失为主，分别占水土流失面积的 72.54%、19.88%。

退耕还林还草工程与土地利用变化密切相关。退耕还林工程涉及的土地利用变化方式包括耕地向林地转换、耕地向草地转换、草地向林地转换、裸地向林地转换和裸地向草地转换 5 种类型。因此，基于土地利用变化分析可以提取退耕还林工程发生区。

基于 ArcMap 软件空间分析功能，通过湖南省湘中低山丘陵保土人居环境维护区 2000 年、2005 年、2010 年、2015 年四期土地利用数据（30 m 分辨率），提取涉及上述 5 种土地利用变化方式的像元，获取湖南省湘中低山丘陵保土人居环境维护区的时空分布特征。结果表明，2000—2015 年湖南省湘中低山丘陵保土人居环境维护区退耕还林还草总面积为 158.61 km$^2$，且新增退耕还林还草实施面积呈上升趋势（图 3-26）。

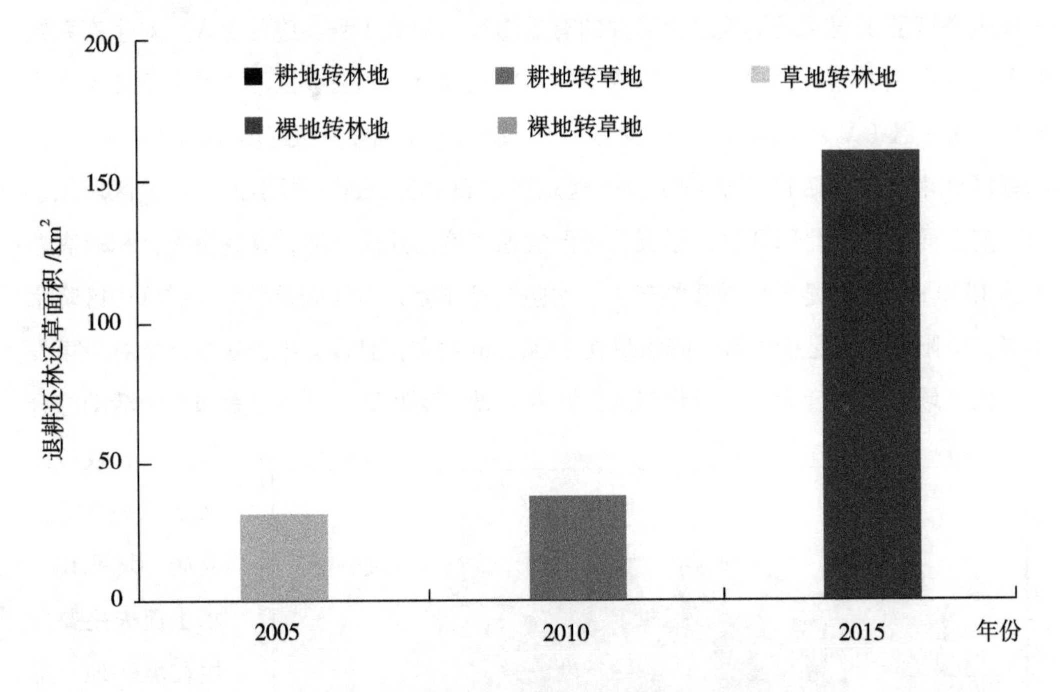


**图 3-26 各土地利用覆被变化面积变化趋势**

在所涉及的土地利用变化类型中，耕地转化为林地面积最大，约占退耕还林总面积的 81%。从空间分布上来看，湘中低山丘陵保土人居环境维护区于 2010 年开始大规模实施退耕还林还草，且东部地区为主要实施区（图 3-27）。

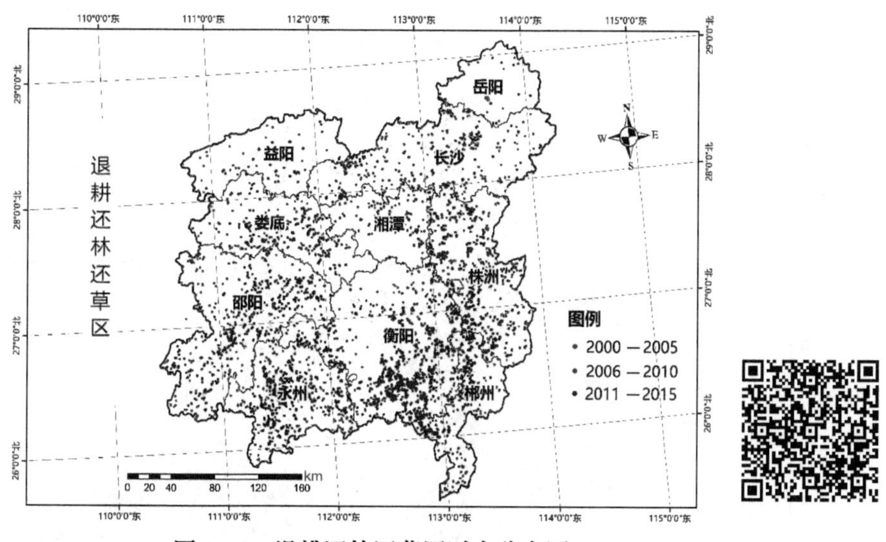


图 3-27 退耕还林还草区时空分布图

（2）探究了退耕还林还草工程的固碳效益

在 2000—2015 年期间，湘中实施 GFGP（退耕还林还草工程）的地区的碳固存发生了显著变化。在 GFGP（2000 年）之前，总碳固存约为 1.31 Tg C；到第一轮退耕还林还草工程结束时（2015 年），GFGP 实际发生区的固碳总量约为 1.76 Tg C，约增加了 0.45Tg C。在退耕还林工程发生区，高碳储量密度区（> 10000 $Mg/km^2$ C）正在不断扩大（图 3–28）。

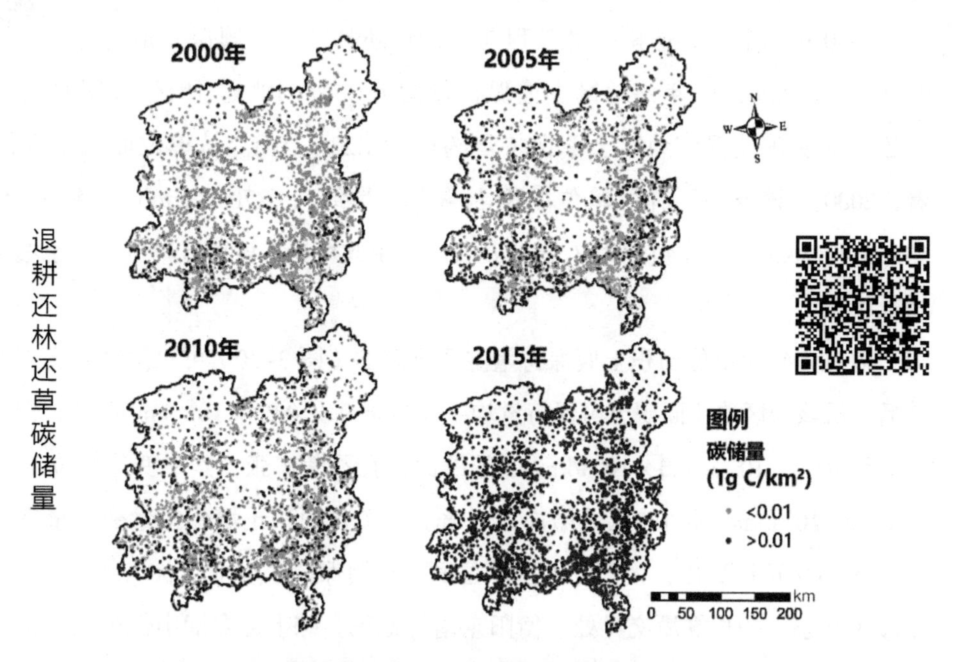


图 3–28 退耕还林还草发生区碳储量时空分布图

2000 年该地区单位面积碳储量几乎都低于 0.01 Tg $C/km^2$，2015 年则几乎全都高于 0.01 Tg $C/km^2$。此外，该区碳储量变化均较为显著，主要集中于 0.001 Tg~0.005 Tg C/

$km^2$ 区间（图 3–29）。

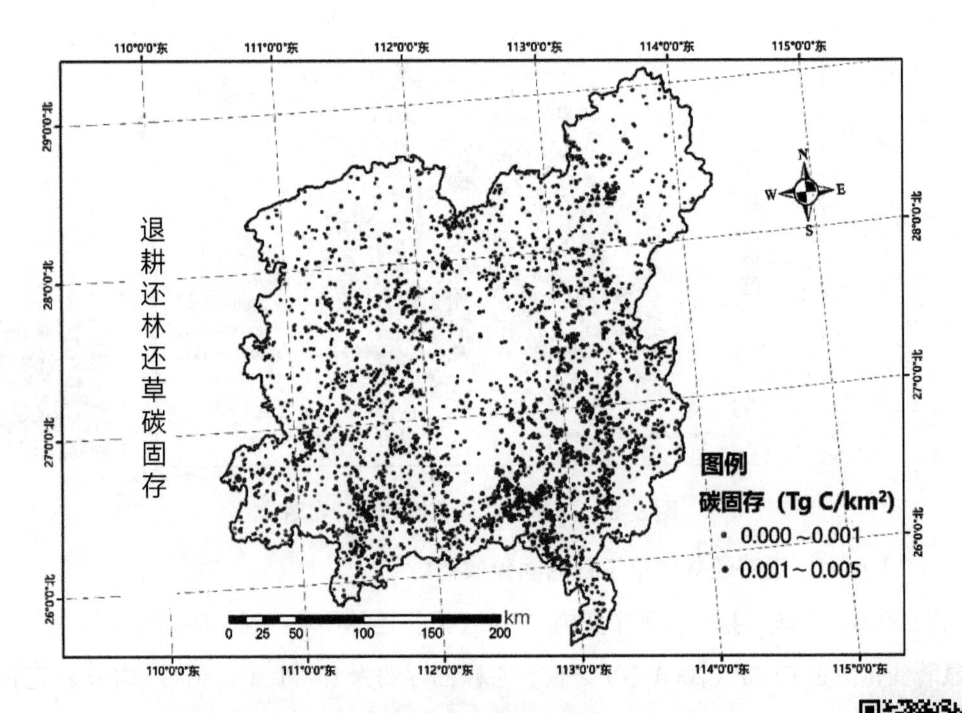


**图 3–29　退耕还林还草发生区碳固存时空分布图**

（3）探究了退耕还林还草工程的土壤保持效益

2000 年（未实施退耕还林工程前）退耕还林区的土壤保持量约为 $0.99\times10^8$ t，到 2015 年该地区土壤保持量约为 $2.22\times10^8$ t。历经 15 年时间，退耕还林工程的实施使得该地区土壤保持量约增加 $1.23\times10^8$ t。从单位面积土壤保持量来看，2000 年该退耕还林区单位面积土壤保持量约为 627057.2 t/$km^2$，到 2015 年约为 1399974.8 t/$km^2$，变化量约为 772917.6 t/$km^2$。由此可见，该地区单位面积土壤保持量呈增长状态。

通过各年份单位面积土壤保持量空间分布图（图 3–30）可以发现，实施退耕还林前后，虽该地区单位面积土壤保持量均主要处于 0 ～ $0.01\times10^8$ t/$km^2$ 区间，但土壤保持量处于 $0.01\times10^8$ ～ $0.3\times10^8$ t/$km^2$ 区间的面积在不断扩张，其中变化量位于 $0.01\times10^8$ ～ $0.04\times10^8$ t/$km^2$ 区间的区域增加最显著。从单位面积土壤保持量变化量空间分布图（图 3–31）可以看出，大部分地区单位面积土壤保持量呈增长状态，但也有部分地区呈减少状态，如长株潭交界处、衡阳东南等地区。综上，在湘中低山丘陵保土人居环境维护区实施退耕还林工程，对土壤侵蚀具有一定的正效益，但部分地区出现负效益，这可能与该地区降水条件、主要退耕还林类型、种植经果林等因素有关。

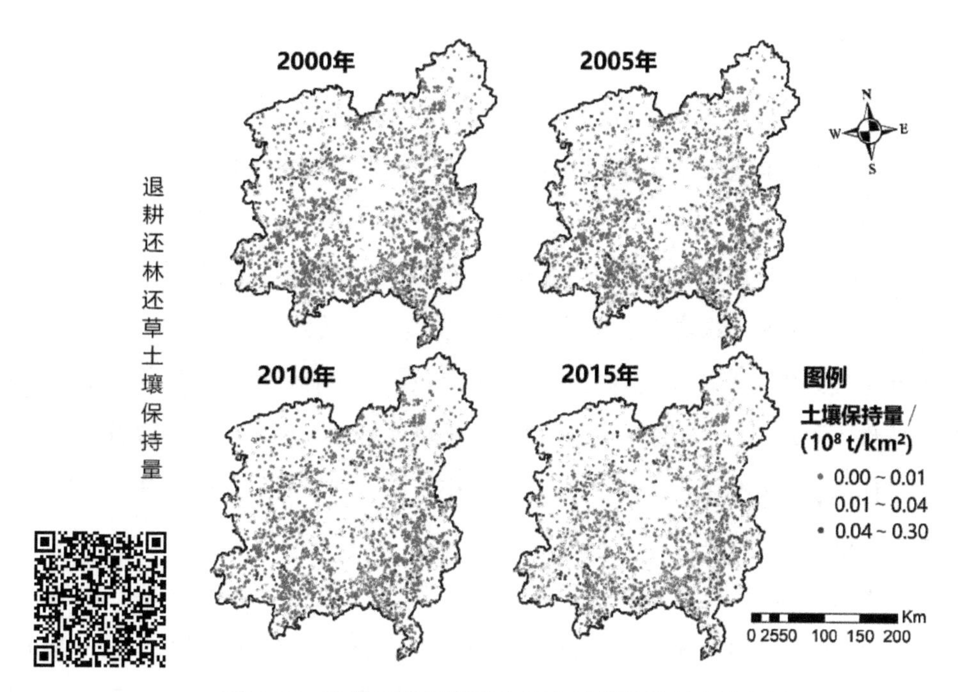


图 3-30　退耕还林还草发生区土壤保持量时空分布图

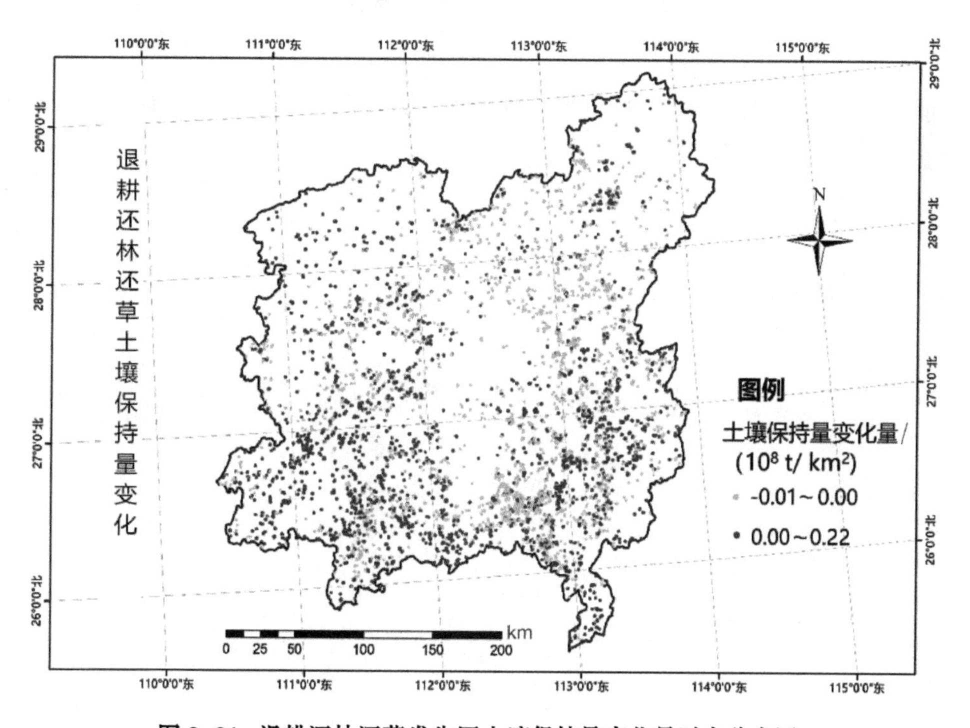


图 3-31　退耕还林还草发生区土壤保持量变化量时空分布图

## 3.6 小结

水土流失是一个复杂的物质迁移变化过程，受降雨特性、地形地貌、土壤类型以及植被等多因素的共同影响。降雨是水蚀区土壤侵蚀发生的主要自然驱动因子，大量研究表明，坡面水土流失受雨量、雨强、降雨历时等降雨因子差异的显著影响。总体来说，C 类降雨在不同水土保持措施小区的次降雨平均径流量和次降雨平均土壤侵蚀量均高于其他雨型，是单次降雨引起径流泥沙流失量最大的雨型。

在不同土壤条件下相近水土保持措施（水保林与经果林，铺设草皮与种草）以及同一土壤条件下不同水土保持措施（林地措施与草地措施）的水土保持效益均存在较大差异。总体来说，尽管各不同水土保持措施小区减流效益较差，但均能在一定程度上减少坡面土壤侵蚀的产生。

在实施退耕还林区，该地区单位面积土壤保持量均主要处于 $0 \sim 0.01\times10^8$ t/km$^2$ 区间，但土壤保持量处于 $0.01\times10^8 \sim 0.3\times10^8$ t/km$^2$ 区间的面积在不断扩张，其中变化量位于 $0.01\times10^8 \sim 0.04\times10^8$ t/km$^2$ 区间的区域增加最显著。大部分地区单位面积土壤保持量呈增长状态，但也有部分地区呈减少状态，如长株潭交界处、衡阳东南等地区。综上，在湘中低山丘陵保土人居环境维护区实施退耕还林工程，对土壤侵蚀具有一定的正效益，但部分地区出现负效益，这可能与该地区降水条件、主要退耕还林类型、经果林等因素有关。

# 4 生态防护型水土流失治理措施、模式和示范研究

## 4.1 面向林下生态重建的水土流失治理措施

### 4.1.1 概述

南方红壤丘陵区的地形主要为山地丘陵，在亚热带季风气候的作用之下，该地区降水充足，雨热同期。该地区的土壤多是由第四纪红壤发育而成的地带性红壤，土壤的抗蚀性较差。区域独有的自然条件、社会生产条件，导致在强降雨条件下该区域极易发生土壤侵蚀，使得土壤养分流失，土地进一步退化。植被恢复是防治土壤流失，改良土壤质量的重要手段。马尾松具有耐干旱耐贫瘠的特点，是我国南方红壤水土流失区的生态恢复与重建工作中的先锋树种，得到广泛种植。但由于马尾松的化感作用，林木会分泌有机酸进一步加剧林区土壤酸化，从而抑制其他植物的生长，使得马尾松林区结构单一，生物多样性降低，引发林区生态环境的恶化，造成林地肥力下降，使得南方马尾松林区成为我国森林土壤流失的主要地区。近年来，林下水土流失防治工作受到了越来越多的关注和重视，多种水土流失治理模式和措施在南方红壤丘陵区的马尾松林中得到推广与应用。目前，水土流失防治工作取得了一定的成效，但由于气候、地质地貌以及马尾松特性的影响，马尾松林下水土流失现象仍然存在。水土流失防治是一个长期、综合、复杂的过程。目前，对马尾松林下的水土流失防治措施的研究较多，且多集中于生物措施、工程措施以及综合措施对产流产沙、土壤理化性质的影响，而结合土壤微生物变化探讨水土流失防治措施作用机制的研究还比较少。土壤微生物是生态系统恢复的重要驱动力，土壤的生物学特性可以对土壤内外环境的变化作出快速响应。因此，探索不同水土流失防治措施对土壤理化性质及微生物的影响可以反映水土流失防治措施对土壤的改良效果。基于此，以湖南省邵阳市双清区莲荷小流域马尾松林区土壤为研究对象，对不同水土流失防治措施下的土壤含水量、颗粒组成等物理性质、土壤有机质含量和全氮含量等化学性质以及土壤微生物丰度和分子生态网络

结构等微生物特性进行分析，探究水土流失防治措施的作用机制，评价水土流失防治措施对土壤性质的改良效果，为区域因地制宜进行生态恢复、开展水土流失防治工作提供理论参考与科学依据。

针对林下水土流失这一重大的环境问题，国内外的众多学者已经开展了大量的研究工作。林下水土流失多发生于降雨充沛的热带及亚热带地区，土壤侵蚀类型多为水力侵蚀。从林下水土流失的影响因素上来看，国内外学者在降雨强度、林冠特征、地表覆盖以及植被根系特点等方面都开展了大量的工作。其中，地表覆盖和降雨强度被认为是影响林下水土流失的最重要的因子。稀疏的近地表覆盖为水土流失的发生提供了先决条件，降雨穿过林冠层形成的穿透雨的击溅以及树干流对地表的冲刷是水土流失的主要驱动力。

林下水土流失会使得土壤养分流失，土壤自身调节功能下降，影响到林区植被生长，从而影响到林区生态系统的稳定性，使得林地退化。因此，针对侵蚀林地开展水土流失防治工作，以恢复土壤的质量，提高林区综合环境质量十分必要。总体来看，国内外学者针对不同区域的林下水土流失的成因、防治措施及其效果开展了大量的研究。农业工程措施常常与生物措施相结合使用，在退化生态系统恢复过程中对于储存土壤水分，维持土壤肥力，促进植被生长具有较优良的效果。以马尾松林下生态环境恢复为目标，选定位于邵阳市双清区的莲荷小流域，建设林下流径流小区，设置不同水土流失防治措施的组合，研究不同组合下水土流失防控措施的治理效果，依据对典型水土流失治理措施、模式的评价，筛选林下水土流失治理的关键技术，为南方红壤丘陵区林下水土流失治理提供参考。

### 4.1.2 示范区概况

径流小区位于湖南省邵阳市水土保持科学研究所所在的小流域，位于湖南省衡邵盆地西域，是典型的湘中低矮红壤丘陵地貌，小流域地貌以丘陵、岗地为主，其形态多为圆丘状，海拔为 231.18~276.63 m，相对高差 45.45 m。土壤以第四纪红壤、黄壤及第四纪松散堆积物为主，土层较深厚，土壤质地主要是砂壤土、壤土。研究所地处中亚热带湿润季风气候区，年均降水量 1218.5~1473.5 mm，多年的平均降水天数 162d，无霜期 278d。调查区内植被主要是次生林（以马尾松为主）、人工林地（以樟树、杜英为主）。土地利用方式主要是水土保持林、荒山、天然山地、废弃耕地、废弃水塘。结合坡面微地形改造、草灌套种等技术，通过多技术措施的有机组合，在选定区域完成以林下生境重建为目标的水土流失防控示范小区的建设。

### 4.1.3 实验材料与方法

（1）径流小区概况

①依据当地实际情况选取坡度、坡向、土壤类型相同或相近的区域，设置 9 个 5 m × 10 m 的径流小区（包含对照小区）。

②各小区的林草措施和工程措施设置详情见表 4–1、图 4–1。

**表 4–1 水土流失防治措施配置**

| 处理编号 | 树种 | 林下植被 | 工程措施 | | 备注 |
|---|---|---|---|---|---|
| 1 号小区 | 马尾松 | 草本 + 灌木，草本 | 水平条沟 | 沿等高线挖水平条沟，品字形排列，沟长 1.5 m，上宽 50 cm，下宽 30 cm，深 50 cm；左右水平间距 1 m，上下行距 1 m | 种植草本选择百喜草、黑麦草 |
| 2 号小区 | 马尾松 | 草本 + 灌木，草本，灌木 | 穴状整地 | 按等高线布设鱼鳞坑，挖圆形坑穴，品字形排列，穴面与原坡面持平或稍向内倾斜，穴直径 60 cm 左右，深度 30~50 cm | 种植灌木选择黄荆、胡枝子、栀子花 |
| 3 号小区（对照地） | 马尾松 | 无 | 无 | | 与当地原有的种植配置一致 |

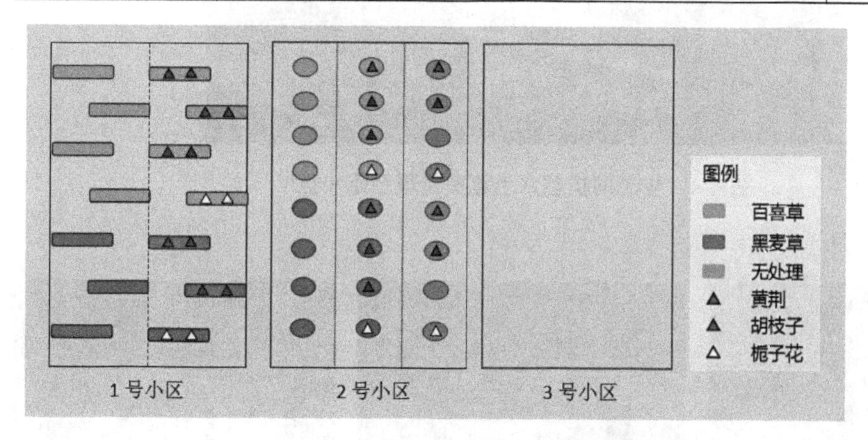

**图 4–1 水土流失防控措施布设图**

注：1、2、3 号小区为一组实验小区，设置重复的三组小区，共 9 个小区。

③在各小区四周设铁皮隔离外部水沙（高出地表 30 cm，埋深 45 cm），下方设集水槽，集水槽下设沉沙池。

④各措施小区坡面都布设有截、排水沟，并与坡面下方沟道相连，以便疏通径流泥沙至沟道及收集侵蚀泥沙。

（2）小区建设

2018年5月20日，根据小区选点位置和项目实验方案要求，开始着手修建实验小区。2018年7月7日，小区工程措施基本完成，即完成水平条沟、鱼鳞坑及隔离铁皮的布设。2018年9月20日，在三个小区内开始种植灌木和草本，布设林草措施。2018年10月10日，完成三个小区的灌木和草本的种植。2018年12月17日，9个小区按实验要求完成所有的实验措施布设，现场观测到小区内种植植物生长状态良好。详见图4-2~4-4。

**图4-2 生态防护型水土流失治理示范小区**

2018年10月

2019 年 7 月

2020 年 7 月

图 4-3 水平沟 + 生物措施鱼鳞坑 + 生物措施对照组

图 4-4 径流小区实景图、沉沙池

（3）样品采集

2018 年 12 月 17 日进行第一次采样。根据小区水土流失防控措施布设的具体情况与坡位，在 1 号小区确定 8 个采样点，在 2 号小区确定 11 个采样点，在 3 号小区确定 6 个采样点。每个采样点按照 0 ~ 5 cm、5 ~ 10 cm、10 ~ 20 cm 分三层采取土样。9 个小区共确定 75 个采样点，共采取 225 个土样。此外，每个采样点再通过环刀法采取一个土样，共 75 个土样，用于测定土壤容重。

2019 年 4 月 18 日进行第二次采样。根据小区水土流失防控措施布设的具体情况与坡位，在 1 号小区确定 6 个采样点，在 2 号小区确定 8 个采样点，在 3 号小区确定 3 个采样点。有 2 组小区按照此方式取样。另 1 组小区，每个小区根据上下坡位共选取 2 个采样点，一组小区共 6 个样点。每个采样点按照 0 ~ 5 cm，5 ~ 10 cm，10 ~ 20 cm 分三层采取土样。9 个小区共确定 40 个采样点，共采取 120 个土样。此外，每个采样点通过环刀法采取一个土样，共 40 个土样，用于测定土壤容重。

2019 年 7 月 19 日进行第三次采样，采样方式同第二次采样，样品采集过程见图 4–5。

土层样和环刀样采集

泥沙清理

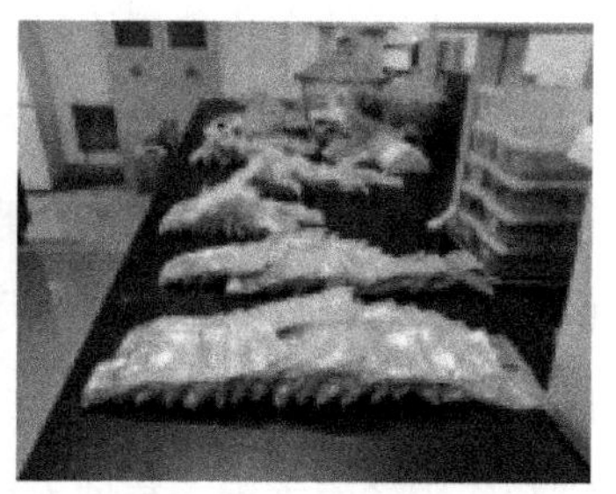

土样风干、碾磨

**图 4-5 样品采集**

在措施实施之后的一年半的时间内，探讨了生态防护型水土流失治理措施的作用效果，结合土壤微生物的变化分析其作用机制，以期为区域水土流失防治工作提供科学参考。

### 4.1.4 生态防护型水土流失治理措施下马尾松林区坡面产沙特征

坡面水土流失是降雨在坡面形成的径流与坡面土壤之间互相作用而形成的一种土壤侵蚀现象。坡面水土流失过程是把水土流失进行数量化表示，能较为客观地反映径流和泥沙随时间的动态变化，一直是国内外研究的重点与热点。坡面水土流失过程受到降雨、植被、土壤、地形等多方面因素的影响。水土流失治理措施是指在水土流失地区为了涵养水源、保持水土、改善生态环境、开展多种经营、增加经济与社会效益而采取的人工或飞播造林种草、封山育林育草、挖设农业工程坑沟等技术方法，它是影响坡面水土流失过程的重要因素之一。乔灌草立体多层植被可以显著增加土壤入渗量，削弱侵蚀动能，增加抗蚀能力，降低土壤侵蚀强度。

研究发现，水土流失治理措施实施后，林区坡面土壤侵蚀表现出了较大差异，见图 4-6。结果表明，在 2019 年 5 月，鱼鳞坑加种植草本与灌木措施以及水平沟加种植草本与灌木措施下的林区坡面土壤侵蚀量分别为 32.68 $g/cm^2$、27.78 $g/cm^2$，分别为对照组土壤侵蚀量 9.96 $g/cm^2$ 的 3.28 倍和 2.79 倍。在 2019 年 6 月，鱼鳞坑加种植草本与灌木措施以及水平沟加种植草本与灌木措施下的林区坡面土壤侵蚀量分别为 60.92 $g/cm^2$、122.58 $g/cm^2$，分别为对照组土壤侵蚀量 65.28 $g/cm^2$ 的 0.93 倍和 1.88 倍。在 2019 年 7 月，鱼鳞坑加种植草本与灌木措施以及水平沟加种植草本与灌木措施下的林区坡面土壤侵蚀量分别为 27.54 $g/cm^2$、48.60 $g/cm^2$，分别为对照组土壤侵蚀量 39.00 $g/cm^2$ 的 0.71 倍和 1.25 倍。这表明，尽管在最初阶段，水土流失治理措施下的坡面径流小区产沙量都高于对照组，但是在 2019 年 6 月和 2019 年 7 月，鱼鳞坑加种植草本与灌木措施下的坡面径流小区的产沙量已经低于对照组，水平沟加种植草本与灌木措施下的坡面径流小区的产沙量高于对照组的比例也在不断降低。这说明研究中所设置的鱼鳞坑加种植草本与灌木措施已开始在减轻坡面泥沙方面发挥作用。坡面产沙呈现出这种特征的原因是，在水土流失治理措施实施前期，由于工程坑沟的挖设及草本和灌木植被的种植，对于坡面土壤产生了较大的干扰作用，在林区土壤坡面形成了较多的松散破碎的土壤颗粒。在降雨发生时，松散的土壤颗粒易随径流流动形成泥沙。在经历了一段时期的降雨之后，待坡面由于措施设置扰动形成的松散土壤流失后，水土流失防治措施在减轻土壤侵蚀方面的效果便逐渐显现出来。研究发现水平沟加种植草本与灌木措施比鱼鳞坑加种植草本与灌木措施在表现出减沙作用所需的时间可能更长，这是因为研究中所设计的水平沟的尺寸比鱼鳞坑更大，对土壤的干扰作用更强，坡面松散土壤也更多。

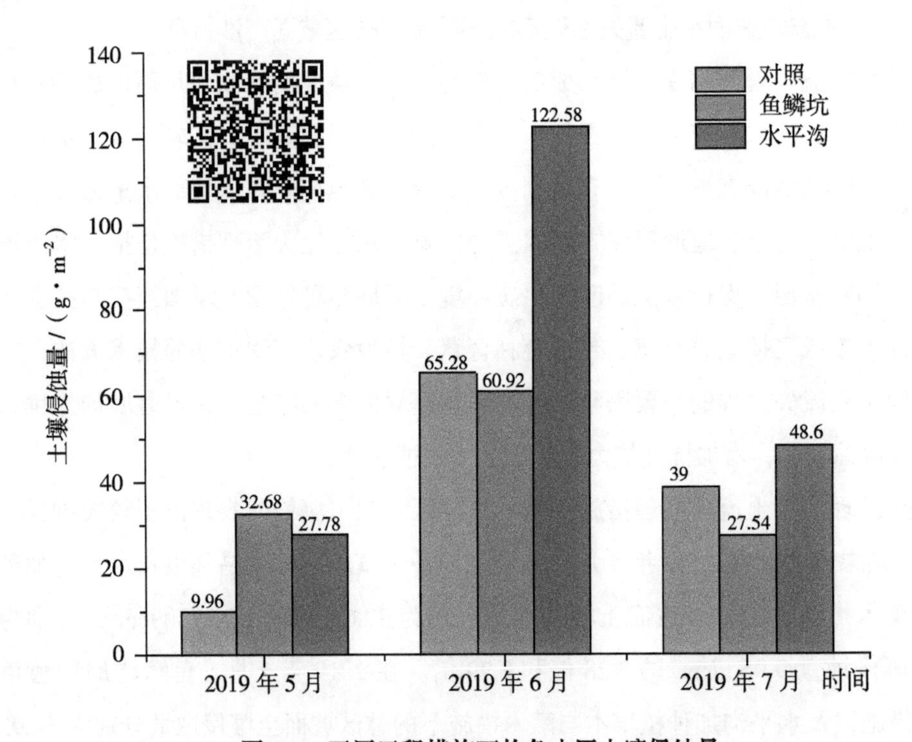


**图 4-6 不同工程措施下的各小区土壤侵蚀量**

### 4.1.5 生态防护型水土流失治理措施对土壤物理性质的改良效果

我国南方红壤丘陵区地形破碎、起伏大，成土母质复杂、土质类型多样，而且土壤可蚀性 $K$ 值较大，抗蚀性差。加之该区属热带、亚热带季风气候，降雨充沛、集中且强度大，水力侵蚀风险较高。水土流失严重的林地土壤养分含量低，立地条件差，植物难以生长，林下植被匮乏，并且林下植物单一，生物多样性丧失，进一步加剧水土流失。

土壤的物理性质是影响土壤肥力的内在条件，是综合反映土壤质量状况的重要组成部分，因此了解不同水土流失防治措施下土壤物理性质的差异是筛选出区域适宜性较强的水土流失防治措施的前提。研究发现各水土流失防治措施提高了土壤含水量，降低了土壤容重。从图 4–7 可以看出，总体来说，从 2019 年 4 月至 2020 年 7 月，实施了水土流失防治措施的土壤含水量都高于对照组。各月份间的土壤含水量存在一定的差异，这是由采样时距区域前一次的降雨时间以及前一次的降雨量差异所导致的。此外，也可以发现，在土壤含水量较高的时期，与对照组相比，各措施提高了约 20% 以内的土壤含水量。而在土壤干旱期，如 2020 年 7 月，各措施均提高了超过 50% 土壤含水量。这说明水土流失防治措施在土壤相对干旱的时期，可以有效保持土壤含水量。这对于维持林下植被的良好生长，以及保持林区土壤微生物数量及活性都具有重要意义。

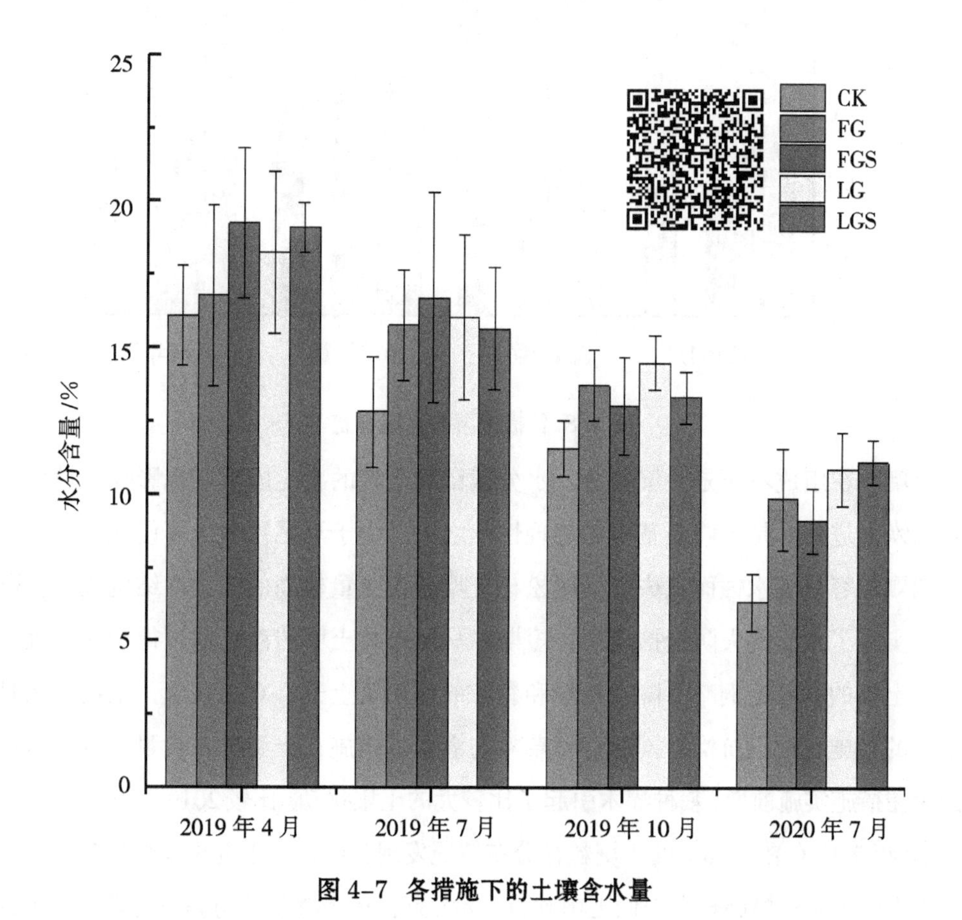


**图 4–7 各措施下的土壤含水量**

注：CK：对照；FG—挖设鱼鳞坑 + 种植草本；FGS—挖设鱼鳞坑 + 种植草本 + 种植灌木；LG—挖设水平沟 + 种植草本；LGS—挖设水平沟 + 种植草本 + 种植灌木。下同。

土壤容重是土壤主要的物理性状之一，对土壤的透气性、持水性能及土壤的抗侵蚀能力有着重要的影响。结果表明，随着水土流失防治措施的实施，土壤容重呈现下降的趋势，但不同防治措施之间的土壤容重差异不明显，如图 4–8 所示。在短期内，土壤容重随时间几乎没有明显变化。

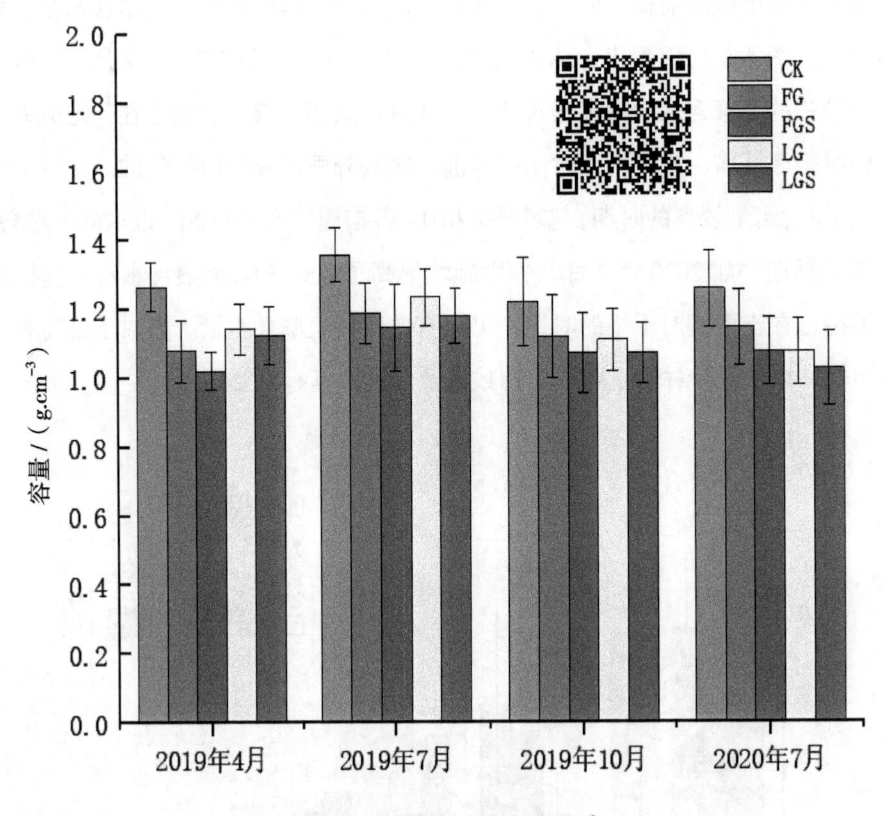


**图 4-8 各措施下的土壤容重**

土壤颗粒组成不仅是土壤养分、水分截留和运转的决定因素，也影响植被生产力和生态恢复进程，是土壤最基本的物理性状之一。由于马尾松林土壤侵蚀严重，土壤中的细颗粒容易受水蚀而流失，马尾松林土壤砂粒含量较高的，土壤结构较差。研究发现，实施了水土流失防治措施后，短期内马尾松林土壤的沙化情况得到一定程度的改良，土壤的砂粒比例略下降，粉粒和黏粒的比例略上升。对比发现，挖设坑沟且种植草本的措施比挖设坑沟且同时种植草本与灌木的措施，土壤砂粒含量更低。这可能是因为在措施实施前期，栽种灌木引起了比较大的土壤扰动。比较 2019 年 10 月（图 4–9）与 2020 年 7 月（图 4–10）的土壤粒径分布情况发现，各措施下的土壤变化趋势相似，均为水土流失防治措施轻微降低土壤砂粒含量，且使得土壤粉粒与黏粒含量略微上升。但是，各措施的作用效果在短期内随时间变化不明显。

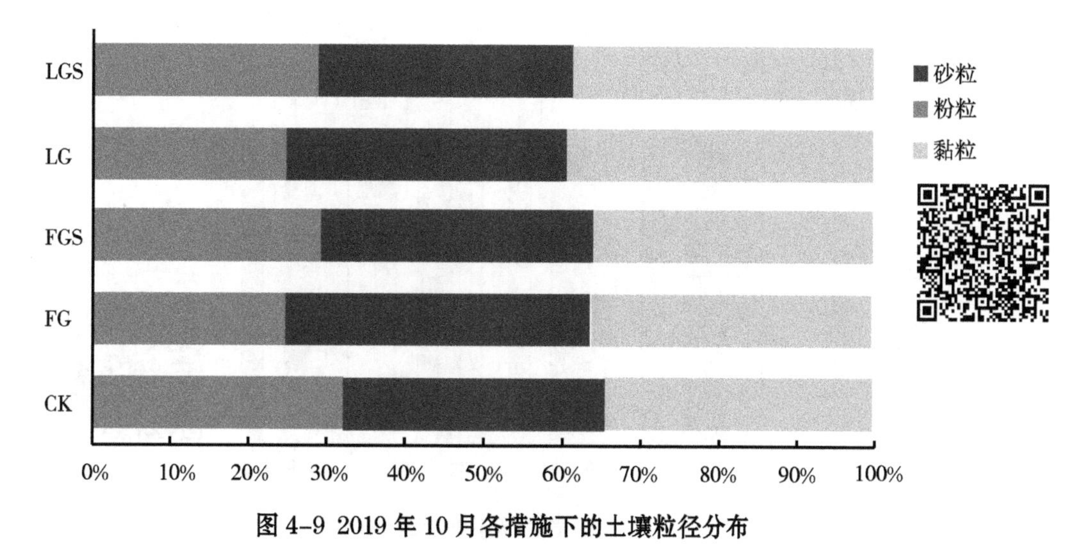


图 4-9 2019 年 10 月各措施下的土壤粒径分布

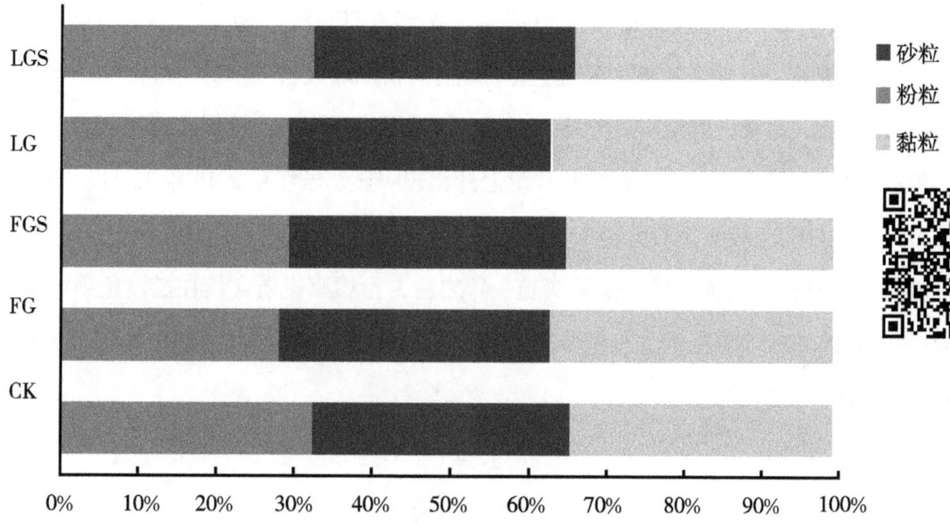

图 4-10 2020 年 7 月各措施下的土壤粒径分布

此前述各土壤物理性质在措施下都得到了一定改良，但是在不同的处理下并没有呈现显著性的差异。

### 4.1.6 生态防护型水土流失治理措施对土壤化学性质的改良效果

在南方红壤丘陵区普遍存在的马尾松林地中，林木能分泌有机酸，加剧土壤酸化，抑制林下植被的生长，使林地植物多样性降低，土壤质量下降。各措施下的土壤的 pH 小幅度上升，说明林区土壤酸化的情况得到轻微改善。从 2019 年 4 月至 2020 年 7 月，各措施下的土壤 pH 均略微低于对照组，如图 4-11 所示。但是，在此期内，各个处理之间的土壤 pH 差异，及 pH 随时间变化都不明显。

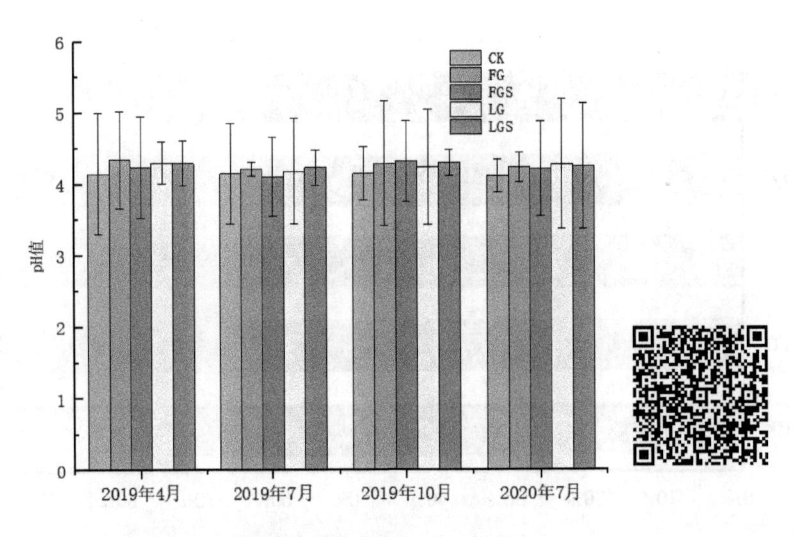


图 4-11 各措施下的土壤 pH 值

土壤有机质是土壤重要的物质组成基础，是植物有机营养和矿物营养的源泉，虽然不能直接被植物吸收，但是是营养元素的主要场地。有机质可改善土壤的物理性质，促进土壤团粒结构的形成，改善土壤结构。此外，土壤有机质可直接影响土壤保水保肥能力，是良好的土壤缓冲剂。各措施下的土壤有机质含量上升比较明显，虽然在 2018 年 12 月、2019 年 4 月及 2019 年 7 月的土壤有机质分析中，各措施与对照组相比没有显著的差异性，但是在 2019 年 10 月，也就是水土流失防治措施实施一年之后，土壤有机质含量在挖设鱼鳞坑 + 种植草本 + 种植灌木和挖设水平沟 + 种植草本 + 种植灌木这两种措施下与对照组表现出了明显的差异性，如图 4-12 所示。

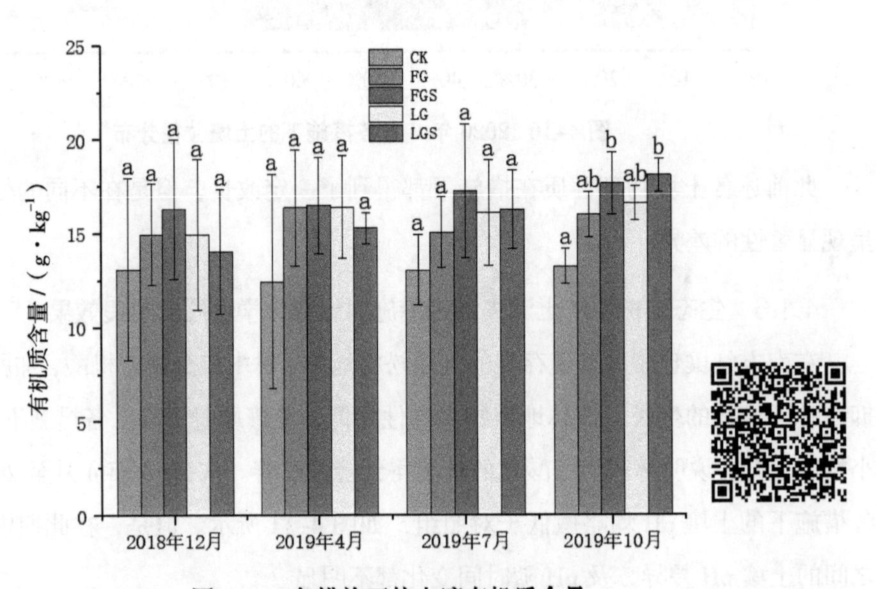


图 4-12 各措施下的土壤有机质含量

氮是植物所必需的营养元素，是土壤肥力的重要物质基础之一，主要来源于动植物残体的分解和土壤中微生物的固定。土壤全氮包括所有形式的有机与无机氮，综合反映土壤氮素状况。有研究表明土壤中的氮素含量不仅与腐殖质含量有关，还与植被状况、土壤质地和利用方式有关。研究结果表明，水土流失防治措施可以有效提高土壤全氮的含量，且随着时间推移，各措施对于土壤全氮含量的提升更为有效。分析2019年10月的数据，发现与对照组相比，挖设水平沟＋种植草本＋种植灌木的措施提高了土壤全氮含量45.9%，比其余三种水土流失防治措施效果更好，如图4–13所示。

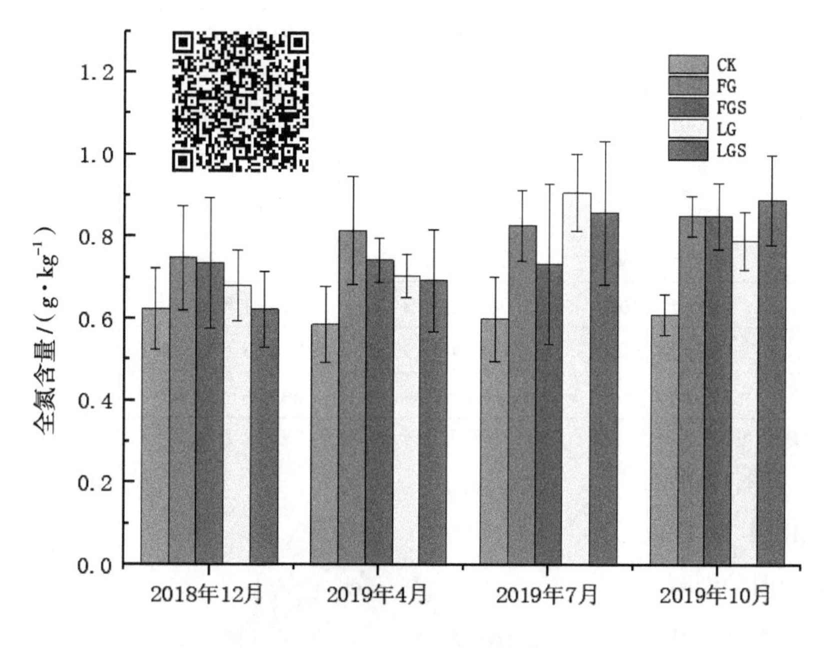


**图4–13　各措施下的土壤全氮含量**

### 4.1.7　生态防护型水土流失治理措施对土壤微生物性质的改良效果

土壤微生物是土壤中比较活跃的组成部分，是土壤中物质循环的主要动力。土壤微生物活性和群落结构不仅可以敏感地指示气候和土壤环境条件的变化，而且能够反映出土壤生态系统的质量和健康状况，在监测土壤质量变化方面起着重要的作用。同时，土壤微生物种类、结构及活性与土壤矿化也有密切的关系。所以对土壤微生物群落结构和功能的研究一直以来是土壤生态学研究的一个热点。土壤微生物群落的组成和活性很大程度上决定生物地球化学循环、土壤有机物的代谢过程以及土壤的肥力和质量。林下植被的缺失造成林下凋落物减少，使林地养分归还量减少、土壤微生物含量和活性不足，进而影响土壤结构稳定性，减弱土壤抗蚀性，加剧土壤侵蚀。本书在OTU水平上比较不同措施下的土壤细菌和真菌群落多样性指数，选用了香农指数、辛普森指数、

Chao 指数、OTU 数量来代表微生物的群落多样性，发现各水土保持措施下的细菌多样性和丰富度均高于对照组，其中细菌香农多样性指数、Chao 指数和 OTU 数量在挖设水平沟+种植草本+种植灌木中均达到最高值，与其他处理差异显著，如表 4-2 所示。此外，土壤保持措施也提高了土壤真菌群落多样性指数，且 Chao 指数和 OTU 数量与对照相比差异显著。

**表 4-2　2019 年 10 月各措施下的土壤细菌、真菌群落的多样性指数**

| 项目 | 措施 | 香农指数 | 辛普森指数 | Chao 指数 | OTU 数量 |
|---|---|---|---|---|---|
| 细菌 | CK | 5.03 ± 0.31*a* | 0.0198 ± 0.0081*a* | 1229.51 ± 145.30*a* | 964.44 ± 107.55*a* |
| | FG | 5.47 ± 0.23*b* | 0.0127 ± 0.0039*ab* | 1694.49 ± 269.84*b* | 1271.22 ± 182.94*b* |
| | FGS | 5.59 ± 0.15*b* | 0.0101 ± 0.0024*b* | 1646.35 ± 154.99*b* | 1277.33 ± 112.11*b* |
| | LG | 5.59 ± 0.12*b* | 0.0104 ± 0.0026*ab* | 1680.86 ± 139.37*b* | 1306.77 ± 83.94*b* |
| | LGS | 5.86 ± 0.23*c* | 0.0081 ± 0.0025*b* | 2072.16 ± 270.07*c* | 1586.67 ± 212.45*c* |
| 真菌 | CK | 3.25 ± 0.23*a* | 0.0719 ± 0.0218*a* | 199.30 ± 20.67*a* | 174.33 ± 20.27*a* |
| | FG | 3.42 ± 0.36*a* | 0.0831 ± 0.0498*a* | 259.57 ± 28.67*b* | 228.67 ± 23.31*b* |
| | FGS | 3.57 ± 0.22*a* | 0.0617 ± 0.0340*a* | 248.81 ± 26.20*b* | 218.11 ± 24.39*b* |
| | LG | 3.40 ± 0.52*a* | 0.1065 ± 0.0952*a* | 260.55 ± 34.00*b* | 227.78 ± 31.25*b* |
| | LGS | 3.63 ± 0.34*a* | 0.0684 ± 0.0413*a* | 282.96 ± 22.84*b* | 246.77 ± 25.68*b* |

注：表中数值为平均值 ± 标准差，同列不同小写字母表示差异性显著（$P < 0.05$）。

此外，在种水平上分析了 2018 年 12 月以及 2019 年 10 月的细菌、真菌群落的物种韦恩图（图 4-14~4-17）。图中，不同的颜色代表不同的分组，重叠部分的数字代表多个分组中共有的物种数目，非重叠部分的数字代表对应分组所特有的物种数目；花瓣里是对应分组特有的物种数目，中心是所有分组共有的物种数目。

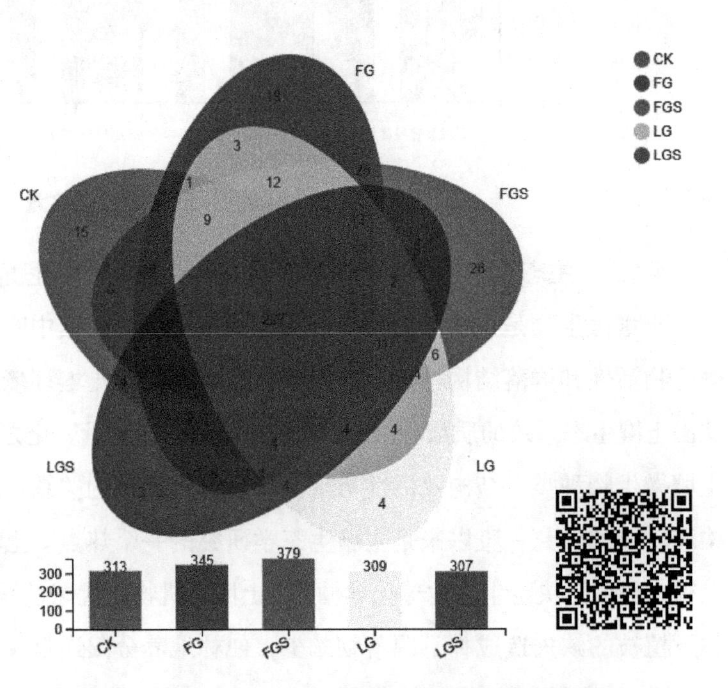


图 4-14　2018 年 12 月各处理下的细菌群落韦恩图

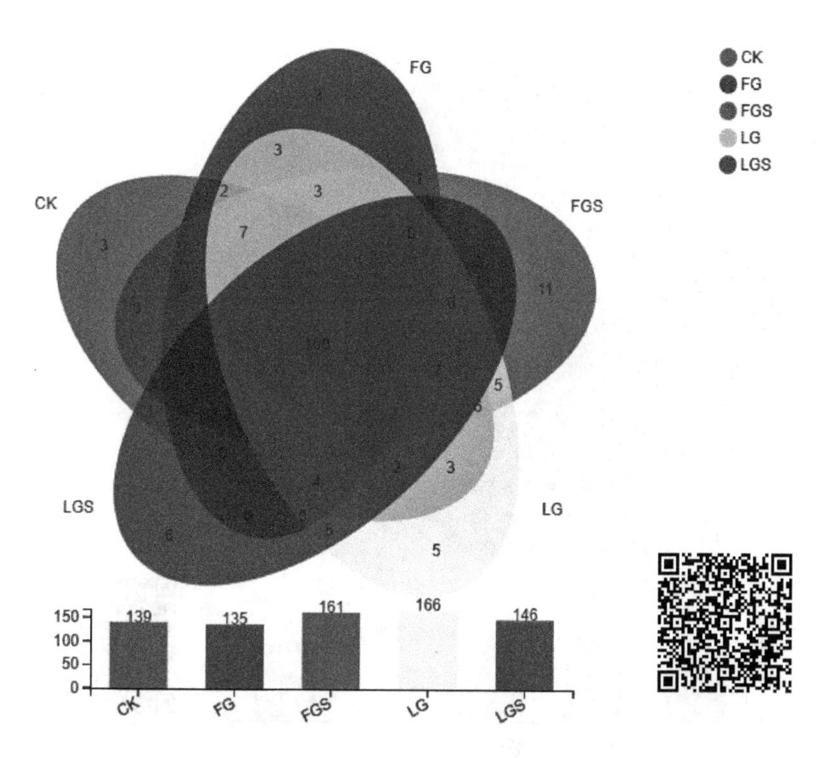


图 4-15 2018 年 12 月各处理下的真菌群落韦恩图

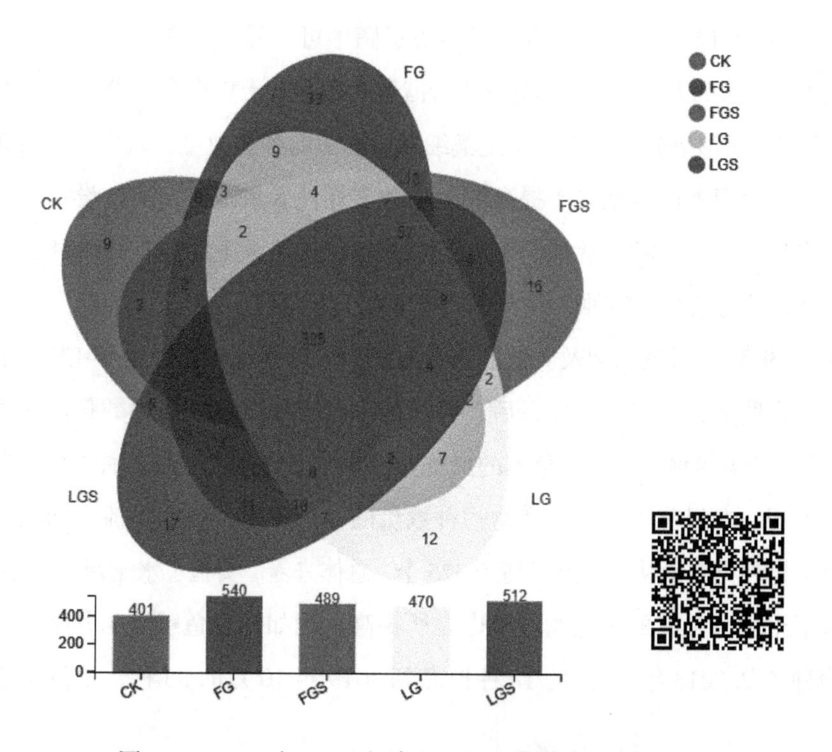


图 4-16 2019 年 10 月各处理下的细菌群落韦恩图

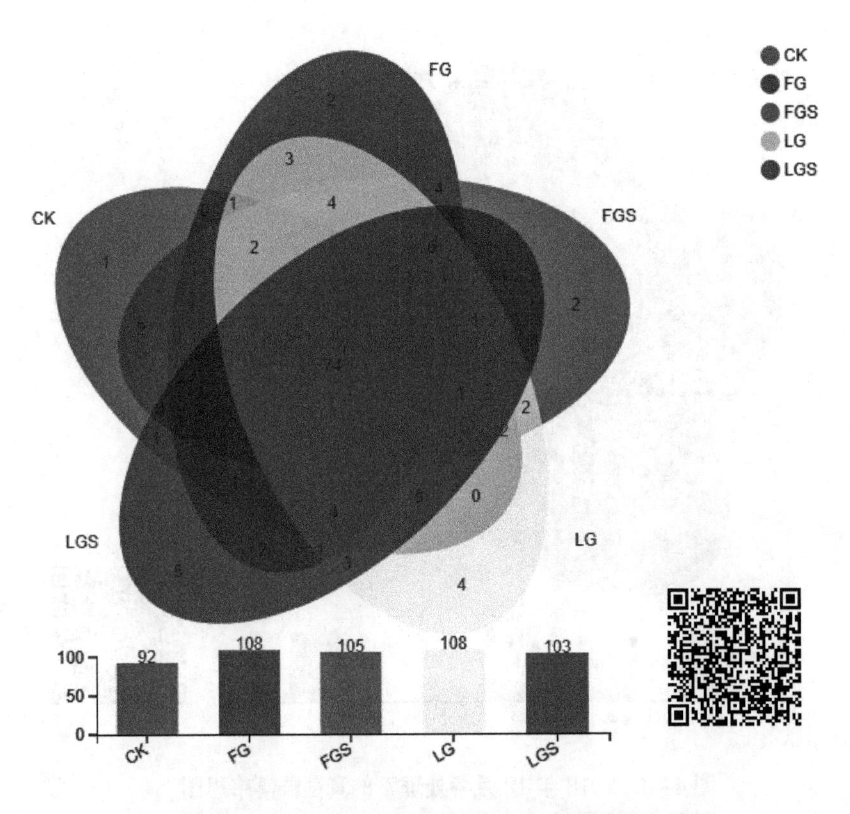


**图 4-17 2019 年 10 月各处理下的真菌群落韦恩图**

从 2018 年 12 月的细菌及真菌群落韦恩图中可以看出，在水土流失防治措施实施后 2 个月，已经可以观察到水土流失防治措施开始影响土壤微生物群落。与对照组相比，4 种水土流失防治措施稍微提高了土壤细菌、真菌的种类数量，其中，挖设鱼鳞坑＋种植草本＋种植灌木的措施对于提高细菌物种多样性效果最好，而挖设水平沟＋种植草本的措施对于提高真菌物种多样性效果最好。5 种措施下土壤共有的细菌物种（种水平）有 227 个，共有的真菌物种（种水平）有 100 个。

从 2019 年 10 月的细菌及真菌群落韦恩图中可以看出，与 2018 年 12 月的数据相比，在水土流失防治措施实施一年以后，各措施下的土壤微生物物种数量已明显高于对照组。其中，挖设鱼鳞坑＋种植草本的措施在种水平上提高微生物物种数量的效果最好。且可以发现，在提高了土壤微生物物种数量的基础之上，各水土流失防治措施下所共有的微生物种类数量从 227 个提高到 325 个。总体来看，实施了水土流失防治措施之后，各措施下土壤所独有的微生物种类也有所提高，比如挖设鱼鳞坑 + 种植草本所独有的微生物种类从 2018 年 12 月的 18 种提高到 2019 年 10 月的 33 种，挖设水平沟 + 种植

草本 + 种植灌木所独有的微生物种类从 2018 年 12 月的 3 种提高到 2019 年 10 月的 17 种。这说明，各措施下的土壤环境有利于多种功能的土壤微生物的生长，为土壤环境的进一步改良提供了有利条件。

在实验之初，比较了 2018 年 12 月各处理下的土壤微生物在门水平上的丰度前 10 的物种组成结构差异（图 4–18 和图 4–19）。结果表明，2018 年 12 月的细菌、真菌在门水平上已经存在一些差异，其中细菌群落并未表现出明显的差异性。真菌中的毛霉菌门（mucoromycota）的相对丰度在各措施组中表现出明显的差异性（$P < 0.05$），捕虫霉菌门（zoopagomycota）的相对丰度在各措施组中也表现出明显的差异性（$P < 0.05$），其余真菌群落门相对丰度在各处理组中未表现出明显的差异性。

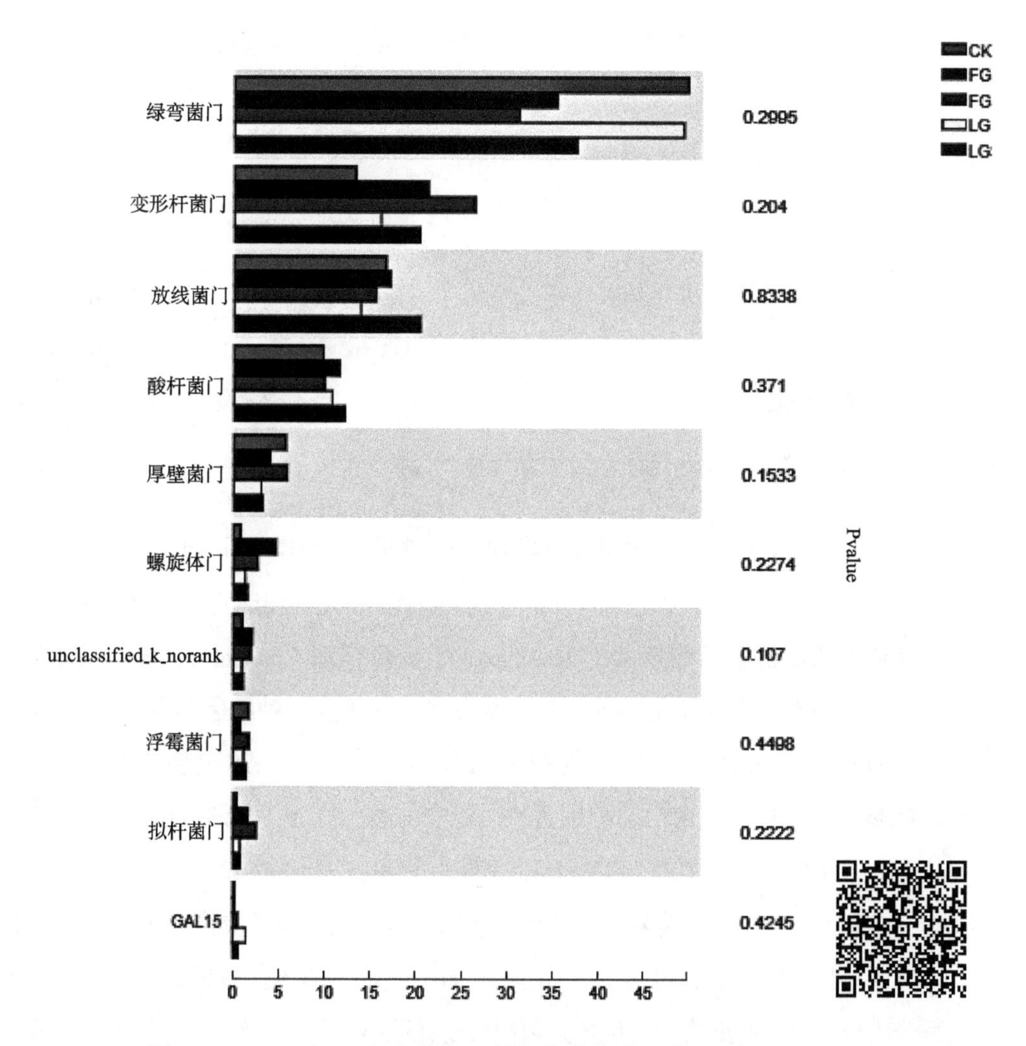


图 4–18　2018 年 12 月各处理下的细菌群落组间差异性图（门水平）

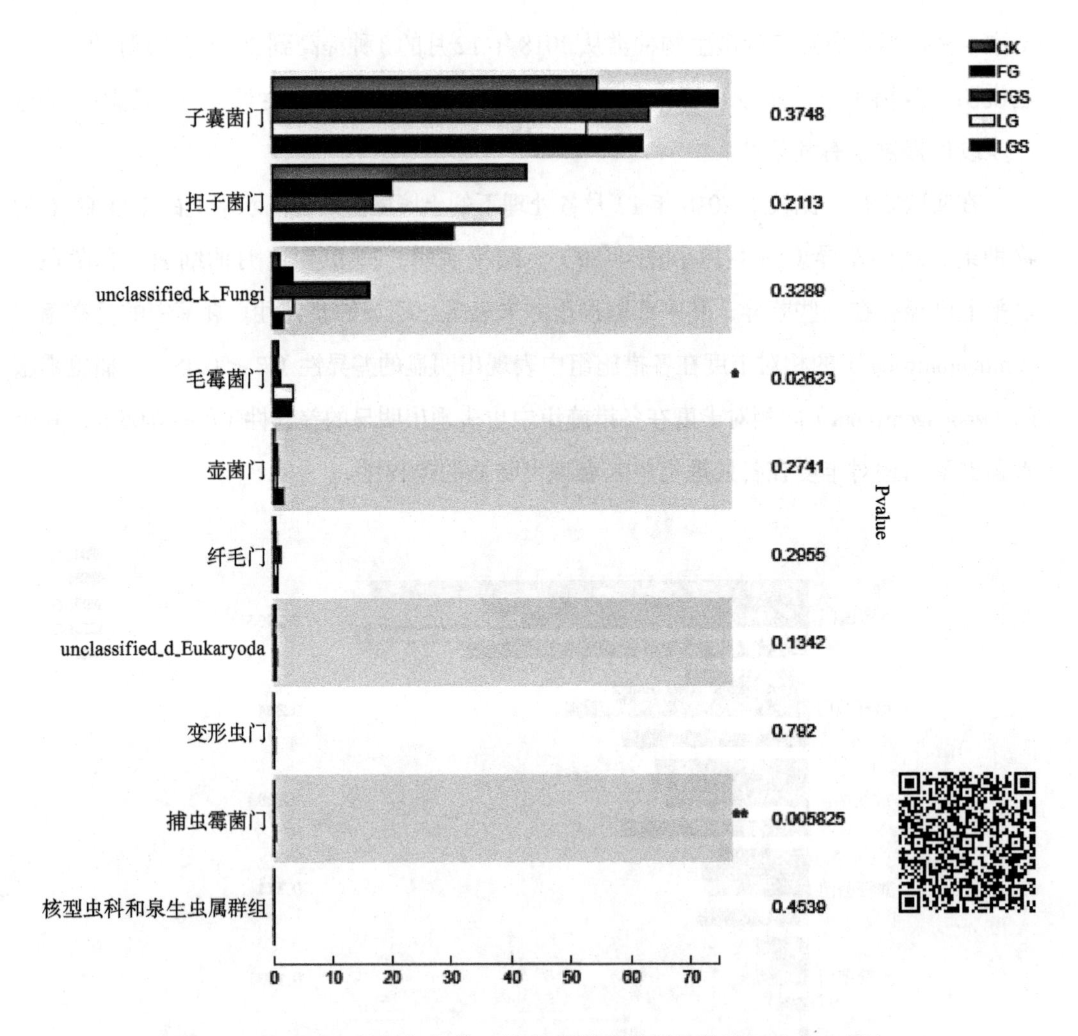


图 4-19 2018 年 12 月各处理下的真菌群落组间差异性图（门水平）

在 2019 年 10 月，在门水平上细致分析了微生物优势菌群的相对丰度（图 4-20 和图 4-21）。优势细菌菌群包括绿弯菌（chloroflexi）、变形杆菌（proteobacteria）、放线菌（actinobacteria）、酸杆菌（acidobacteria）和 WPS-2，属于这五种细菌菌群的 OTU 数量占处理中总 OTU 数量的 91.3%~95.5%。在 CK、FG、FGS、LG 和 LGS 处理的土壤细菌门中，绿弯菌是最占优势的细菌门，分别占 51.4%、35.0%、23.7%、32.3% 和 30.5%。其次是变形杆菌，在 CK、FG、FGS、LG 和 LGS 处理中分别占 11.6%、22.4%、26.2%、21.7% 和 26.0%。FGS、LG 和 LGS 显著降低绿弯菌的相对丰度，同时显著提高变形杆菌的相对丰度。与对照相比，酸杆菌相对丰度显著增加。此外，四种水土保持措施中的五种优势菌门的百分比分布比对照更均匀。优势真菌门为子囊菌纲和担子菌纲，占处理 OTU 数量的 90.1%~98.6%。在 CK、FG、FGS、LG 和 LGS 处理中，子囊菌属是最占优势的真菌门，分别占 OTU 数量的 80.1%、51.2%、59.2%、50.7% 和 53.39%。担子菌属是第二优势真菌门。

FG、LG、LGS 明显降低子囊菌属的相对丰度，同时显著增加了担子菌的相对丰度。

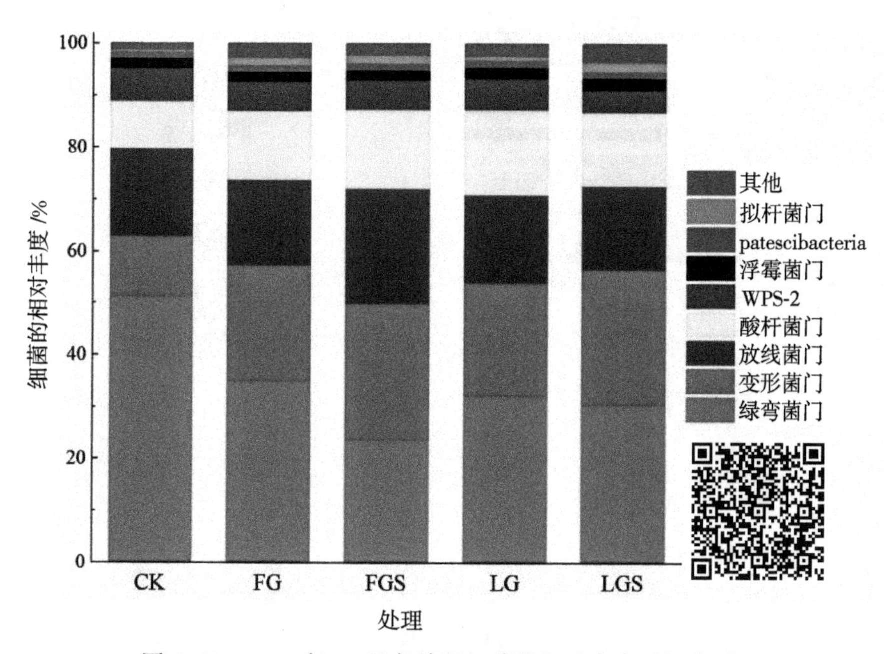


图 4-20　2019 年 10 月各处理细菌的相对丰度（门水平）

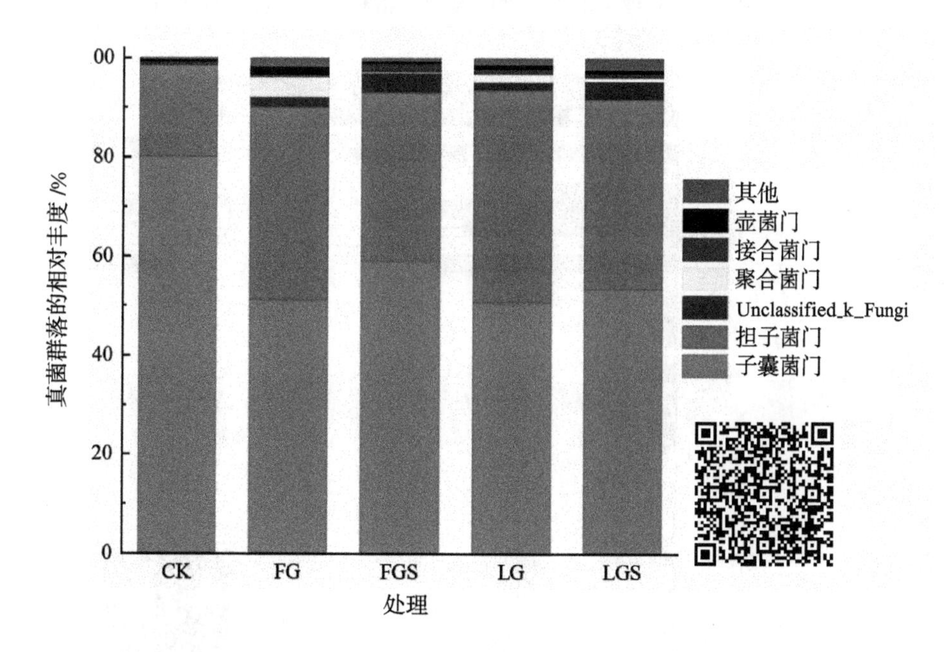


图 4-21　2019 年 10 月各处理真菌群落的相对丰度（门水平）

此外，也比较了水土流失防治措施实施一年以后的土壤细菌、真菌主要类群的相对丰度的组间差异（图 4-22 和图 4-23）。可以发现，与 2018 年 12 月的结果相比，2019 年 10 月，土壤细菌、真菌群落的组成在各组间的差异性更为显著。这说明，水土流失防治措施实施一年以后，已经有效改变了土壤微生物群落的组成结构。

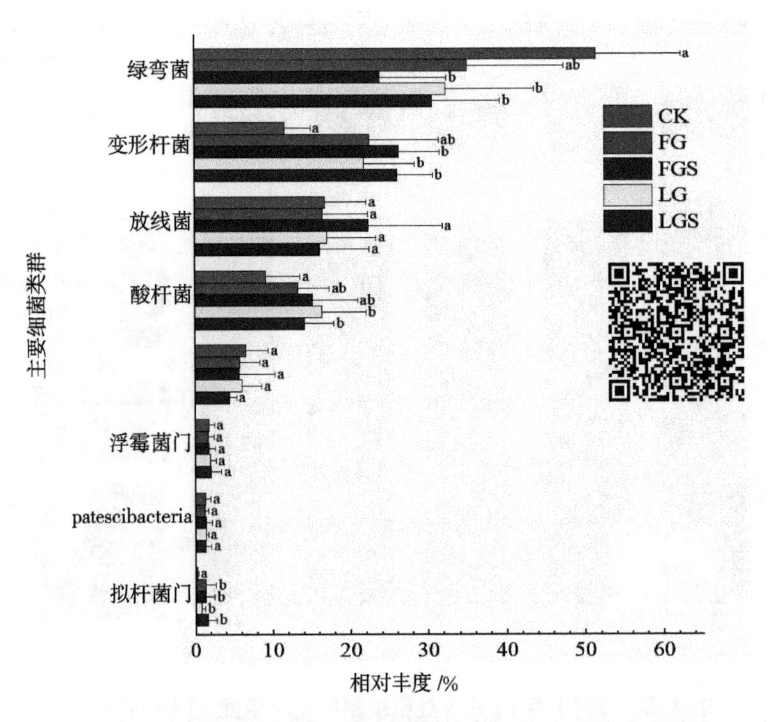


图 4-22　各处理下的主要细菌类群的相对丰度比较（门水平）

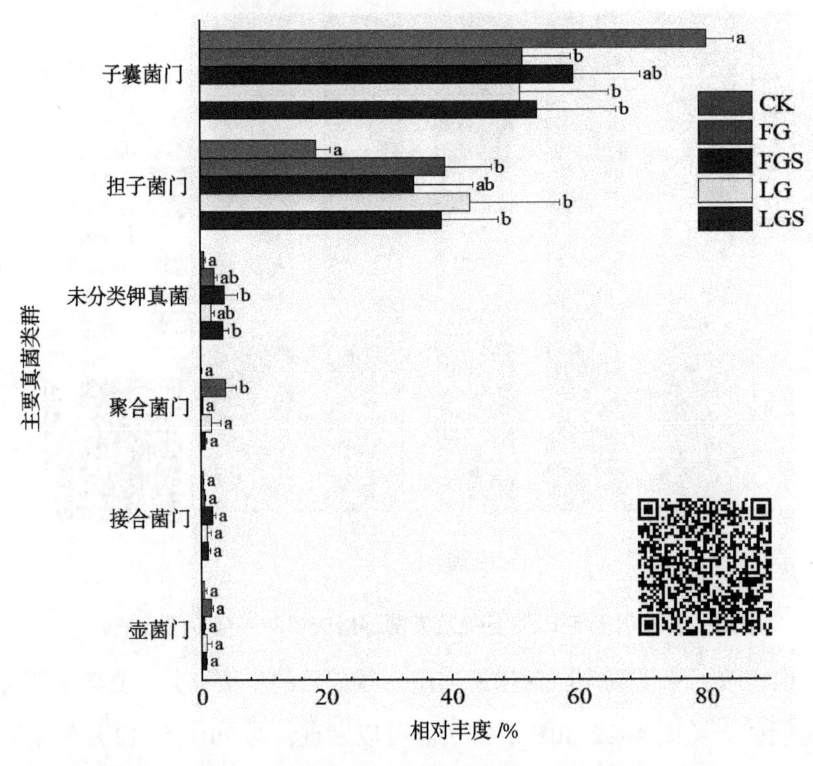


图 4-23　各处理下的主要真菌类群的相对丰度比较（门水平）

微生物之间的相互作用十分复杂，明确水土流失防治措施实施后土壤微生物的动态规律，对于退化林地生态系统土壤养分调控以及制定科学有效的水土流失防治措施具有重要意义。因此，利用土壤微生物分子生态网络的分析方法，比较分析了3种水土流失治理措施下的土壤微生物相互作用关系。T1代表挖设鱼鳞坑＋种植草本的措施，T2代表挖设鱼鳞坑＋种植草本＋种植灌木的措施，T3代表对照组（表4–3）。网络特征参数的分析结果表明，实施水土流失防治措施后，微生物网络的总节点数、总连接数、平均连通度以及模块性都增大了，说明土壤微生物网络规模更大，相互作用的关系更为复杂。水土流失防治措施下微生物网络平均路径距离较短，说明土壤微生物间的响应速度更慢，当外界环境发生变化时群落结构可以保持相对稳定。

**表4–3 土壤微生物分子生态网络特征参数**

| 措施 | 相似度阈值 | 总节点数 | 总连接数 | $R^2$ | 平均连通度 | 平均群聚系数 | 平均路径距离 | 模块性（模块数） |
|---|---|---|---|---|---|---|---|---|
| T1 | 0.980 | 894 | 1971 | 0.877 | 4.510 | 0.173 | 9.098 | 0.854（117） |
| T2 | 0.980 | 947 | 2158 | 0.837 | 4.558 | 0.175 | 9.705 | 0.896（134） |
| T3 | 0.970 | 868 | 1723 | 0.868 | 4.433 | 0.206 | 7.535 | 0.837（76） |

通过分子生态网络分析得到土壤微生物网络相互作用网络，其中节点之间的作用分为正相互作用和负相互作用。构建的3个土壤微生物相互作用网络（图4–24～4–26），大多数微生物间都是负相互作用（蓝色线条），正相互作用（红色线条）较少，说明水土保持措施下生物间的竞争关系增强。

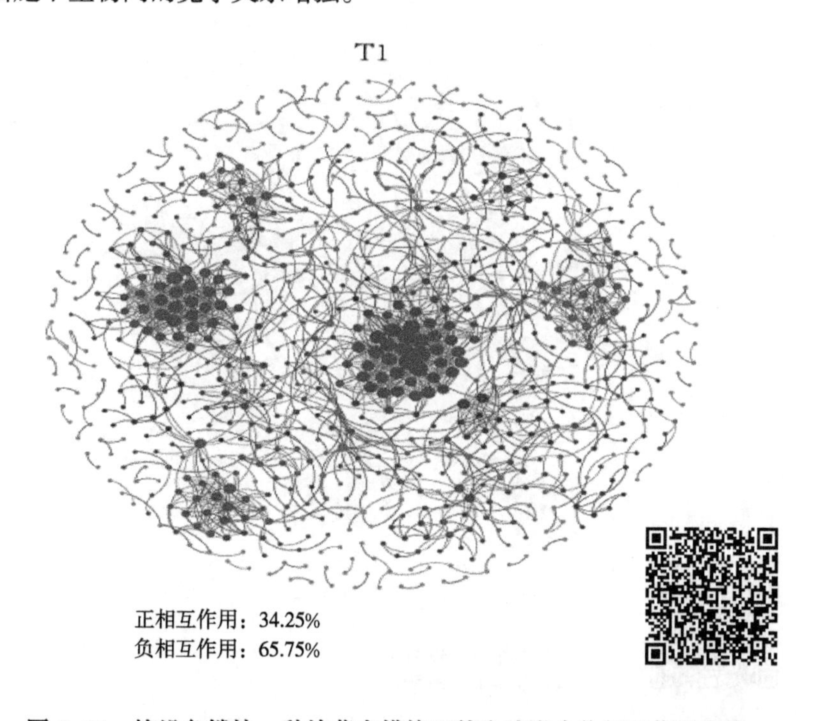


**图4–24 挖设鱼鳞坑＋种植草本措施下的土壤微生物相互作用网络**

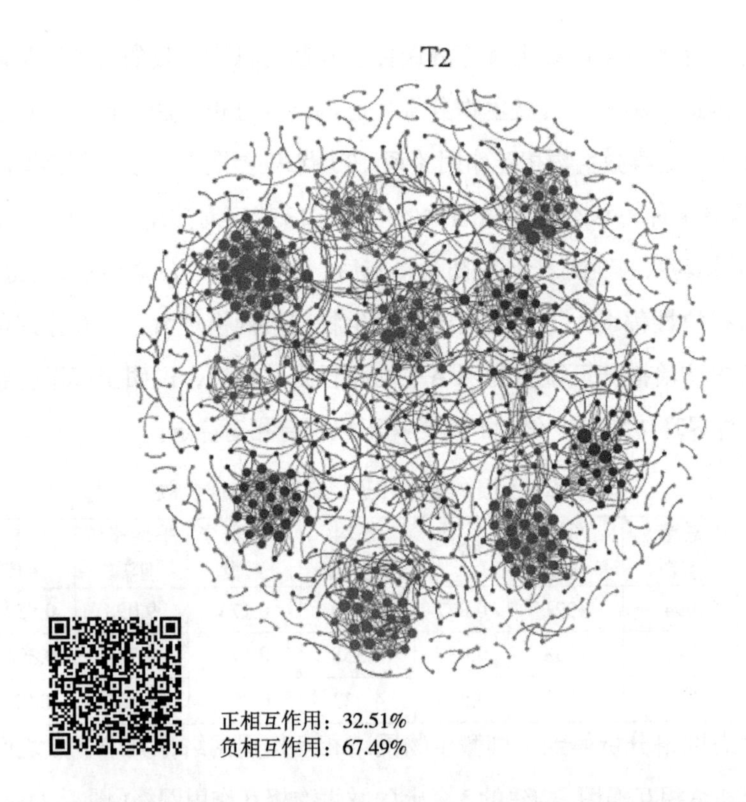


图 4-25 挖设鱼鳞坑 + 种植草本 + 灌木措施下的土壤微生物相互作用网络

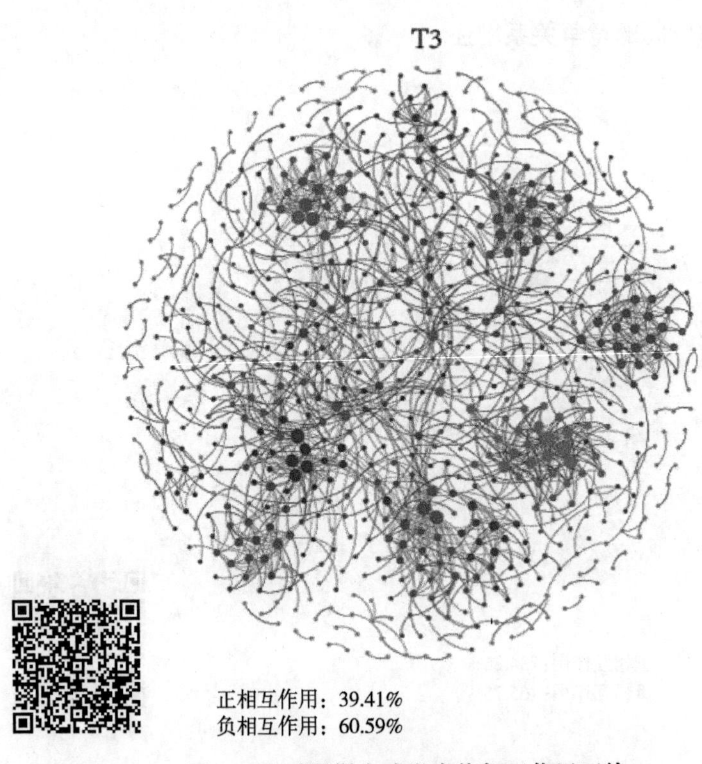


图 4-26 对照组土壤微生物相互作用网络

此外，总体来看，在3个微生物网络中，挖设鱼鳞坑＋种植草本＋种植灌木处理下的微生物网络连接最紧密，结构最复杂。同时，从网络图中可以看出，3个微生物网络中各模块的大小也存在着差异，相比于对照组，挖设鱼鳞坑＋种植草本处理和挖设鱼鳞坑＋种植草本＋种植灌木处理的微生物网络中形成了更大的，用以维持网络的结构和功能的节点模块。

研究发现马尾松林土壤养分较低，微生物间的相互作用以竞争关系为主，尽管水土流失防治措施在一定程度上提高了土壤养分含量，但微生物间的竞争作用却加强。实施措施后土壤养分并没有达到极高水平，在资源相对短缺时，微生物需要通过更强的竞争作用来满足自身的需求。

通过不同处理下的土壤的模块内连通度（$Z_i$）和模块间连通度（$P_i$）来分析水土流失防治措施对不同节点的拓扑学角色的影响。网络节点一般分为4类：外围节点（$Z_i \leqslant 2.5$，$P_i \leqslant 0.62$），连接数很少，且基本连接模块内的节点；连接器（$Z_i \leqslant 2.5$，$P_i > 0.62$），与一些模块高度相连；模块枢纽（$Z_i > 2.5$，$P_i \leqslant 0.62$），在模块内部与许多节点高度连接；网络枢纽（$Z_i > 2.5$，$P_i > 0.62$），既是模块枢纽又是连接器。

在所构建的3个微生物网络中，共有1376个不重复的节点。T1处理（97.99%）、T2处理（98.42%）和T3处理（97.35%）中的大部分节点都是外围节点。此外，只有61.6%的节点出现在1个以上的网络中，说明在水土流失防治措施下，土壤微生物网络的节点组成发生了一定的变化。T1处理中共有14个模块枢纽，T2处理中共有13个模块枢纽，T3处理中共有15个模块枢纽；T1处理中共有4个连接器，T2处理中共有2个连接器，T3处理中共有8个连接器；3种处理中均没有网络枢纽节点。在3个不同的微生物网络中，几乎没有模块枢纽节点与连接器节点重叠，如图4-27~4-29所示。

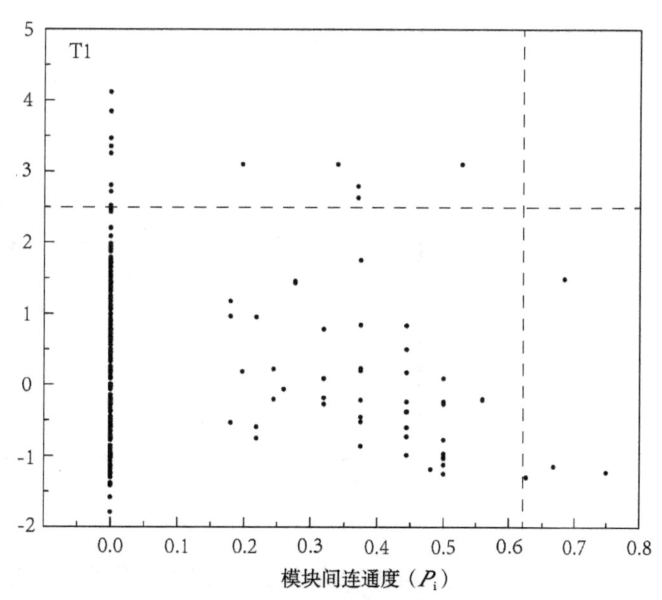


**图4-27　挖设鱼鳞坑＋种植草本措施下的土壤微生物网络节点的拓扑角色分布**

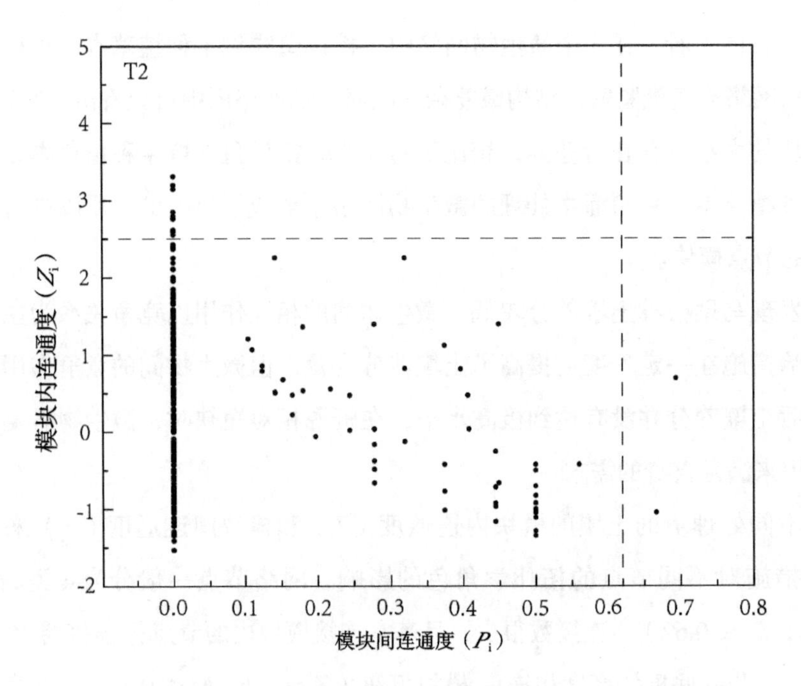


图 4-28 挖设鱼鳞坑 + 种植草本 + 种植灌木措施下的土壤微生物网络节点的拓扑角色分布

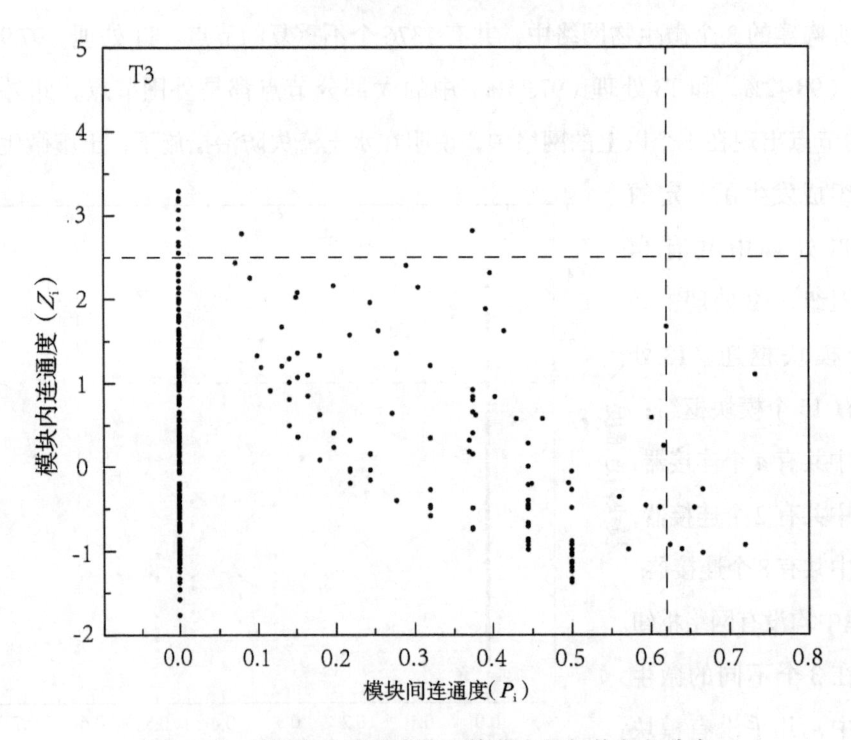


图 4-29 对照组土壤微生物网络节点的拓扑角色分布

由于土壤肥力及土壤环境状况的不同，土壤微生物种群数量也会存在某种程度的差别。使用冗余分析（RDA）检测土壤理化性质与细菌[图 4-30（a）]和真菌[图 4-30（b）]

群落结构之间的关系，结果显示，前两个典型轴解释了细菌属总变异的45.93%和5.34%。真菌RDA结果表明，前两个典型轴解释了真菌属总方差的54.51%和2.64%。说明土壤因子是影响土壤细菌、真菌微生物类群的主要因素。但是，研究结果也表明，单一土壤性质对门水平土壤微生物群落结构无显著影响（$P > 0.05$）。

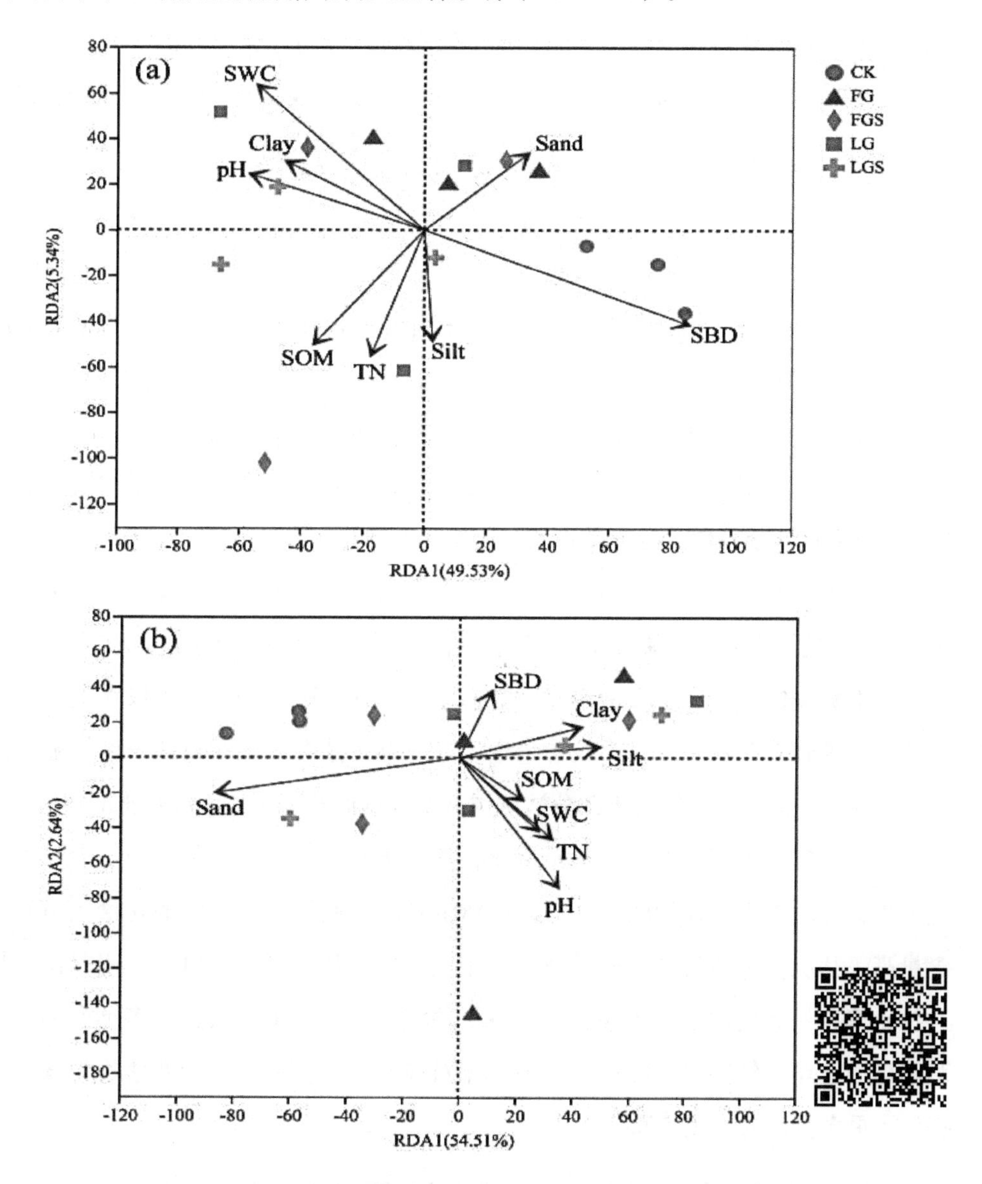


图4-30 细菌和真菌群落与土壤理化因子的冗余分析

注：SWC、SBD、SOM和TN分别代表土壤含水量、土壤容重、土壤有机质和全氮。

## 4.2 生态防护型水土流失治理模式和示范研究

在湖南省邵阳市水土保持科技示范园内，完成了生态防护型水土流失治理示范区的建设。在实施水土流失防治措施后的两年时间内，土壤物理性质改善、养分含量提高、土壤微生物多样性上升。此外，林下植被类型和数量也得到一定程度的增长，林区生态环境得到改良。此项目的研究成果表明，总体来说，生态防护型的水土流失防治措施提高了土壤的含水量，降低了土壤容重，改善了马尾松林下土壤沙化与酸化的情况，增加了土壤的碳氮养分。另一方面，水土流失治理措施也通过补植草本、灌木，增加了林区植被的多样性，缓解了林区植被单一化的现象，提高了林区的生态环境服务功能。

### 4.2.1 生态防护型水土流失防治措施对土壤理化性质的作用机制

鱼鳞坑是一种农业工程措施，常常与生物措施相结合使用，在退化生态系统恢复过程中储存土壤水分，维持土壤肥力，促进植被生长。水平沟的作用类似于鱼鳞坑，是水土保持和生态恢复中常用的农业工程措施。林下植被对丘陵地区的土壤保持意义重大，能够保护土壤免受侵蚀和水分流失，也有学者认为林下植被比乔木具有更大的水土保持作用，因为林下植被更靠近土壤表面。然而，在马尾松林中，由于其潜在的化感作用，灌木和草本层下稀少。植被可以吸收并固定土壤养分，同时植物群落生物量的分解会向土壤释放养分，从而改变土壤养分含量。

随着水土流失防治措施的实施，土壤含水量增加，土壤容重降低，土壤酸化略有缓解。可能的原因是，挖掘的坑沟可以拦蓄降雨径流，增加的林下植被根系，促进入渗，防止了土壤侵蚀，减少了土壤中交换性盐基离子的淋失。同时，采取水土流失防治措施后，土壤砂粒含量减少，黏粒含量增多。土壤侵蚀会导致明显的土壤粗糙，而通过研究发现随径流迁移的细粒土部分被坑沟截留，从而减少了坡面细粒土的损失。

实施措施后土壤中有机质含量变化显著。土壤有机质含量的上升至少可以用三个理由来解释。首先，挖掘的坑沟可以截留沉积物，而沉积物中碳的含量比田间土壤碳含量高。其次，种植的林下植被减少了土壤溅侵，从而减少了对土壤团聚体的扰动，这为土壤有机碳提供了物理保护。最后，种植的草和灌木将增加更多类型和数量的凋落物返回土壤。针叶树针叶的分解速率相对较慢，而多种类型的凋落物为微生物分解提供了更多可用的物质来源。

### 4.2.2 生态防护型水土流失防治措施对土壤微生物群落的作用机制

相对于农作物和草地的模式植物，研究林下水土流失防治措施对土壤微生物群落影响的还很少。土壤保护措施主要是通过改变土壤理化性质、增加植物种类和数量来影响土壤微生物群落。土壤水分含量直接影响微生物群落，马尾松林土壤中有限的水分含量降低了微生物的整体活性。土壤保持措施下土壤 pH 略有升高，有助于提高土壤微生物群落的多样性和丰富度。此外，与对照相比，各措施下的土壤中黏土含量更高，可以有效地将颗粒结合在一起，而土壤团聚体可以为微生物在困难时期的生存提供保护。植被也能够通过枯枝落叶影响土壤微生物。凋落物和腐木包含复杂的成分，是有机质和无机养分的重要来源，有利于土壤细菌、真菌群落的构建和养分循环。林下植被凋落物的增加可能导致土壤有机碳的增加。水平面沟槽比鱼鳞坑长度长、面积大，而坑沟的尺度直接影响到坑沟所收集的径流和泥沙量。一方面，坑沟中土壤性质的变化会直接影响微生物的多样性；另一方面，土壤水分和养分的改善促进了坑沟中植被的生长，进而间接影响了微生物的多样性。此外植被根系分泌物通过改变根际周围的理化性质，或多或少会影响菌根菌群相关的微生态。

高通量测序结果显示，各处理下的土壤微生物群落结构存在显著差异。这里使用富营养细菌与贫营养细菌的概念来解释在各处理下的变化。一般来说，当土壤养分丰富时，有利于富营养菌的生长，而当土壤养分贫乏时，贫营养菌的丰度相对增加。本研究中土壤细菌群落的优势门为绿弯菌门、放线菌门、变形菌门、酸菌门和 WPS-2。绿弯菌通常被认为是贫营养菌，它可以通过光合作用产生能量，分解有机物，并参与植物衍生化合物的降解，如纤维素。研究结果中，采取保护措施后，土壤有机质含量较高，绿弯菌相对丰度较低。变形菌被认为是富营养菌。水土流失防治措施实施后，营养物的积累为富营养化细菌在土壤中生存提供了资源。富营养细菌的相对丰度对土壤养分含量的变化表现出正向响应，这与其生态策略相似。各措施实施后，林下植被和凋落物增加。放线菌和酸杆菌虽然被认为是贫营养菌，但放线菌在植被凋落物分解过程中发挥了重要作用，而酸杆菌门主要在根际周围聚集，林下植被数量增多使得光合产物输送到地下导致根分泌物增多，为酸杆菌门生长提供能量和养分。

真菌群落的优势门为子囊菌纲和担子菌纲。子囊菌属主要是腐生植物，它还分解许多难降解的有机物，如木质素、角蛋白等，在营养循环中发挥着重要作用。采取保护措施后，土壤子囊菌相对丰度的下降可能与土壤养分的增加有关。担子菌通常与植被根系形成共生体，采取保护措施后，土壤中担子菌的丰度显著增加，这可能是由地上寄主植物生物量的增加所引起的。在植被 - 土壤系统中，土壤微生物作为土壤分解系统的重要组分，和其他土壤生物发生相互作用，通过营养元素的周转调节养分供应，影响植物的生长、资源分配和化学组成，因此土壤微生物对植物的生长以及植物发育、群落结构演替具有重要的作用。一方面，植物的种类和数量制约着土壤微生物群落的生态特征；另一方面，土壤微生物通过相互竞争、协调、驱动养分循环等作用影响着植物多样性。

此外，土壤微生物使土壤中的动、植物残体和施入土壤中的有机肥料腐烂分解，释放无机养分供植物吸收，同时还形成腐殖质改良土壤的理化性状。在退化的生态系统中，植物生长过程常常因为缺乏矿物质营养而受到限制。具体来说，由于土壤微生物改变了有机基体，释放出矿物元素，它们可能会对植物的生长过程产生强烈的影响。通过枯落物和根系，植物将碳氮导入土壤，同时也为异养微生物群落提供生存物质。土壤微生物作为有机物质的还原者具有极其重要的生态学意义。可以说，土壤微生物的研究对于全面认识植被与土壤之间的养分循环是必不可少的。研究发现生态防护型水土流失防治措施下的土壤微生物多样性和丰富度均高于对照组，生态防护型水土流失防治措施有利于土壤养分的循环。

### 4.2.3 更具区域适宜性的生态防护型水土流失治理模式及示范

水土流失治理措施影响土壤质量的因素有许多，评价土壤质量的指标也很多。在研究中，使用主成分分析的方法从土壤的理化性质以及土壤微生物特性两个方面来评价水土流失治理措施对于马尾松林区土壤改良的效益。从土壤理化性质、微生物性质两个方面进行研究，主要选择了土壤容重（$X_1$）、含水量（$X_2$）、砂粒含量（$X_3$）、pH（$X_4$）、有机质含量（$X_5$）、全氮含量（$X_6$）、碳氮比（$X_7$）、细菌香农指数（$X_8$）、细菌 OTUs（$X_9$）、真菌香农指数（$X_{10}$）、真菌 OTUs（$X_{11}$）作为指标进行主成分分析。土壤质量评价指标的相关性矩阵（表 4-4）表明，部分土壤性质之间的相关性较高，如土壤容重与土壤含水量和 pH 呈极显著负相关关系（$p < 0.01$），土壤有机质含量与土壤全氮含量呈极显著正相关关系（$p < 0.01$）。

**表 4-4 土壤质量评价指标相关性分析**

| | $X_1$ | $X_2$ | $X_3$ | $X_4$ | $X_5$ | $X_6$ | $X_7$ | $X_8$ | $X_9$ | $X_{10}$ | $X_{11}$ |
|---|---|---|---|---|---|---|---|---|---|---|---|
| $X_1$ | 1 | −0.960** | 0.015 | −0.969** | −0.684 | −0.567 | −0.794 | −0.753 | −0.787 | −0.872 | −0.771 |
| $X_2$ | | 1 | 0.249 | 0.912* | 0.753 | 0.663 | 0.815 | 0.789 | 0.855 | 0.917* | 0.908* |
| $X_3$ | | | 1 | −0.158 | 0.124 | 0.198 | −0.011 | 0.037 | 0.195 | 0.140 | 0.485 |
| $X_4$ | | | | 1 | 0.770 | 0.654 | 0.878* | 0.833 | 0.827 | 0.906* | 0.754 |
| $X_5$ | | | | | 1 | 0.985** | 0.979** | 0.990** | 0.979** | 0.950* | 0.870 |
| $X_6$ | | | | | | 1 | 0.932* | 0.960** | 0.952* | 0.895* | 0.838 |
| $X_7$ | | | | | | | 1 | 0.994** | 0.974** | 0.975** | 0.848 |
| $X_8$ | | | | | | | | 1 | 0.984** | 0.968** | 0.850 |
| $X_9$ | | | | | | | | | 1 | 0.985** | 0.923* |
| $X_{10}$ | | | | | | | | | | 1 | 0.928* |
| $X_{11}$ | | | | | | | | | | | 1 |

提取公因子方差的结果如表 4–5 所示，结果表明，公因子方差的最大值为 1.000，最小为 0.992，各变量的解释方差都较高，适宜采用主成分分析方法。

**表 4–5 土壤质量指标主成分分析公因子方差**

| 指标 | $X_1$ | $X_2$ | $X_3$ | $X_4$ | $X_5$ | $X_6$ | $X_7$ | $X_8$ | $X_9$ | $X_{10}$ | $X_{11}$ |
|---|---|---|---|---|---|---|---|---|---|---|---|
| 公因子方差 | 0.999 | 1.000 | 1.000 | 0.995 | 1.000 | 0.995 | 1.000 | 0.996 | 0.992 | 1.000 | 0.993 |

通过 SPSS（统计产品与服务解决方案软件）计算主成分的特征值与贡献率，结果如表 4–6 所示。在主成分分析中，$Z_1$、$Z_2$、$Z_3$ 的特征值都大于 1，$Z_1$ 解释了总方差 80.075% 的变异，$Z_2$ 解释了总方差 12.019% 的变异，$Z_3$ 解释了总方差 7.468% 的变异，累计方差贡献率为 99.561%。

**表 4–6 土壤质量指标主成分分析的特征值与贡献率**

| 因子 | 特征值 | 方差贡献率 /% | 累计方差贡献量 /% |
|---|---|---|---|
| $Z_1$ | 11.210 | 80.075 | 80.075 |
| $Z_2$ | 1.683 | 12.019 | 92.093 |
| $Z_3$ | 1.045 | 7.468 | 99.561 |

通过计算各主成分的荷载值，可以确定主成分与各指标间的相关性，结果如表 4–7 所示。在主成分分析荷载矩阵中，某指标的荷载值越大，说明此指标对主成分的解释度越高。因此，对于主成分 $Z_1$，$X_9$（0.995）、$X_{10}$（0.992）、$X_8$（0.977）中的荷载值较大，这表明主成分 $Z_1$ 主要体现土壤微生物的多样性，被定义为微生物多样性因子。同样地，主成分 $Z_2$ 被定义为砂粒含量因子，主成分 $Z_3$ 被定义为容重因子。

**表 4–7 土壤质量指标主成分分析载荷矩阵**

| 主成分 | $Z_1$ | $Z_2$ | $Z_3$ |
|---|---|---|---|
| $X_1$ | −0.804 | 0.468 | 0.365 |
| $X_2$ | 0.876 | −0.208 | −0.435 |
| $X_3$ | 0.204 | 0.811 | −0.549 |
| $X_4$ | 0.847 | −0.506 | −0.146 |
| $X_5$ | 0.976 | 0.051 | 0.211 |
| $X_6$ | 0.940 | 0.193 | 0.273 |
| $X_7$ | 0.975 | −0.149 | 0.162 |
| $X_8$ | 0.977 | −0.073 | 0.187 |
| $X_9$ | 0.995 | 0.011 | 0.030 |
| $X_{10}$ | 0.992 | −0.115 | −0.057 |
| $X_{11}$ | 0.941 | 0.177 | −0.274 |

根据主成分分析结果，选出了三个主成分，分别为微生物多样性因子、砂粒含量

因子以及容重因子。各因子在评价体系中的重要程度是用权重系数进行表示，在本书中因子权重直接用主成分中各因子的方差贡献率来表示。在SPSS软件中，计算主成分分析因子得分系数矩阵，结果如表4–8所示。

**表4–8 土壤质量指标主成分因子得分系数矩阵**

| 主成分 | $Z_1$ | $Z_2$ | $Z_3$ |
|---|---|---|---|
| $X_1$ | −0.072 | 0.278 | 0.349 |
| $X_2$ | 0.078 | −0.124 | −0.416 |
| $X_3$ | 0.018 | 0.482 | −0.525 |
| $X_4$ | 0.076 | −0.301 | −0.140 |
| $X_5$ | 0.087 | 0.030 | 0.202 |
| $X_6$ | 0.084 | 0.115 | 0.261 |
| $X_7$ | 0.087 | −0.089 | 0.155 |
| $X_8$ | 0.087 | −0.043 | 0.179 |
| $X_9$ | 0.089 | 0.007 | 0.029 |
| $X_{10}$ | 0.089 | −0.068 | −0.055 |
| $X_{11}$ | 0.084 | 0.105 | −0.262 |

进一步地，根据土壤质量指标主成分因子得分系数，建立起综合主成分的得分函数：

$$Z_1=0.072X_1+0.078X_2+0.018X_3+0.076X_4+0.087X_5+0.084X_6+0.087X_7+0.087X_8+0.089X_9+0.089X_{10}+0.084X_{11}$$

$$Z_2=0.278X_1-0.124X_2+0.482X_3-0.301X_4+0.030X_5+0.115X_6-0.089X_7-0.043X_8+0.007X_9-0.068X_{10}+0.105X_{11}$$

$$Z_3=0.349X_1-0.416X_2-0.525X_3-0.140X_4+0.202X_5+0.261X_6+0.155X_7+0.179X_8+0.029X_9-0.055X_{10}-0.262X_{11}$$

土壤质量改良效益的综合值通过乘法合成法求得，其中式子中的$X$值为原始指标标准化后的数值，最终的土壤质量改良的效益如表4–9所示。表4–9中，因为计算所用的数据经过标准化处理，主成分综合得分会出现正负值。研究中所得土壤质量改良效益的综合数值，并不是一个现实水平量值，而代表了评价对象在系统中所处的相对位置。

**表4–9 不同处理下土壤的质量得分及排序**

| 措施 | $Z_1$ | $Z_2$ | $Z_3$ | 得分 | 排序 |
|---|---|---|---|---|---|
| CK | −1.676 | 0.505 | −0.205 | −1.302 | 5 |
| FG | −0.111 | −0.783 | 0.556 | −0.142 | 4 |
| FGS | 0.584 | 0.446 | 1.429 | 0.631 | 2 |
| LG | 0.354 | −1.293 | −0.789 | 0.070 | 3 |
| LGS | 0.848 | 1.125 | −0.991 | 0.744 | 1 |

研究中所设置的水土流失治理措施组合中，从不同处理下的土壤质量得分的结果来看，挖设水平沟 + 种植草本 + 种植灌木措施下的土壤质量最优，其次是挖设鱼鳞坑 + 种植草本 + 种植灌木模式、挖设水平沟 + 种植草本模式、挖设鱼鳞坑 + 种植草本模式、对照组。这表明，研究中所选择的四种不同组合的水土流失治理措施均在一定程度上改良了马尾松林区的土壤质量，其中以挖设水平沟 + 种植草本 + 种植灌木模式的效果最为突出。相较于鱼鳞坑来说，水平沟的长度及横截面积更大，分段截流、积蓄径流泥沙的效果更好。水平沟能够降低径流流速，增加土壤入渗，从而减少地表径流量，拦蓄土壤水分与养分。同时通过套种草本和灌木以固持土壤，增加了向土壤输入的凋落物的数量，为土壤微生物的作用提供了更多物质与能量来源。研究中所选用的生态防护型水土流失治理措施初见成效，但是从研究结果也可以发现，在水土流失治理措施实施后的短期内，林区土壤依然较贫瘠，林下植被大部分分布于所挖设的坑沟中，林区整体生态环境有待提高，后期仍需加以维护。

从评价结果来看，挖设水平沟 + 种植草本 + 种植灌木措施下的土壤质量最优，说明在短期阶段，挖设水平沟 + 种植草本 + 种植灌木模式对于提升马尾松林区土壤质量效果较好，对于林区生态环境恢复的促进作用更为有效。因此，可认为挖设水平沟 + 种植草本 + 种植灌木这一水土流失治理措施组合对于南方红壤侵蚀劣地来说，是具有区域适宜性的水土流失治理措施模式，是良好的区域水土流失治理示范，见图 4–31。

2018 年 12 月　　2019 年 7 月　　2020 年 7 月

**图 4–31　挖设水平沟 + 种植草本 + 种植灌木措施实施后的林下生态环境变化**

为了今后进一步设置区域适宜性更强、治理效果更好的水土流失措施、模式，基于研究的结果，根据退化林区的生态特点，结合社会经济现实情况，针对退化林区的生态恢复提出以下三点建议：

①在退化林区林下种植植被时辅助设置工程措施。退化林区土壤条件差，植被难以存活，种植林下植被时辅助布设一些工程措施（如鱼鳞坑、水平沟等）十分必要，可以积累水分与养分，为多种植被的生长与发育提供长期的保障，避免植被在恶劣条件下失活。

②在林下搭配种植多种类型的草灌植被。研究中，同时种植草本与灌木植被的水土流失治理措施比单一种植草本的水土流失治理措施对于提高土壤质量，效果更为突出。在林区生态恢复过程中，搭配种植多种类型的草本及灌木植被，形成多种生态位，减弱同种植被间对于所需养分元素的恶性竞争，能够更加有效地利用林区资源，形成复合型的林下生态环境系统，为土壤微生物发挥多种功能和作用提供条件。

③减少人为干扰，促进自然恢复。水土流失治理措施下退化林区的生态恢复是一个长期的过程，有学者的研究表明，随着植被恢复时期的延长，区域的植被覆盖度上升，土壤质量改良，生态环境呈现逐渐变好的态势。因此，在林区的生态恢复过程中，在实施了必要的水土流失治理措施后，应减少对林区的扰动（如清理林下枯落物等），遵循植被演替规律，保证林区自然恢复时间，必要时实行封禁管理，以维护林区生态系统的恢复效果。

## 4.3 小结

研究发现，水土流失治理措施实施后，林区坡面土壤侵蚀表现出了较大差异。结果表明，挖设水平沟 + 种植草本 + 种植灌木措施比挖设鱼鳞坑 + 种植草本 + 种植灌木措施在表现出减沙作用所需的时间可能更长，这是因为研究中所设计的水平沟的尺寸比鱼鳞坑更大，对土壤的干扰作用更强，坡面松散土壤也更多。

总体来说，生态防护型的水土流失防治措施提高了土壤的含水量，降低了土壤容重，改善了马尾松林下土壤沙化与酸化的情况，增加了土壤的碳氮养分。另一方面，水土流失治理措施也通过补植草本、灌木，增加了林区植被的多样性，缓解了林区植被单一化的现象，提高了林区的生态环境服务功能。

研究中所设置的水土流失治理措施组合中，从不同处理下的土壤质量得分的结果来看，挖设水平沟 + 种植草本 + 种植灌木措施下的土壤质量最优，其次是挖设鱼鳞坑 + 种植草本 + 种植灌木模式、挖设水平沟 + 种植草本模式、挖设鱼鳞坑 + 种植草本模式、对照组。这表明，研究中所选择的四种不同组合的水土流失治理措施均在一定程度上改良了马尾松林区的土壤质量，其中以挖设水平沟＋种植草本＋种植灌木模式的效果最为突出。相较于鱼鳞坑来说，水平沟的长度及横截面积更大，分段截流、积蓄径流泥沙的效果更好。水平沟能够降低径流流速，增加土壤入渗，从而减少地表径流量，拦蓄土壤水分与养分。同时通过套种草本和灌木以固持土壤，增加了向土壤输入的凋落物的数量，为土壤微生物的作用提供了更多物质与能量来源。研究中所选用的生态防护型水土流失治理措施初见成效，但是从研究结果也可以发现，在水土流失治理措施实施后的短期内，林区土壤依然较贫瘠，林下植被大部分分布于所挖设的坑沟中，林区整体生态环境有待提高，后期仍需加以维护。

从评价结果来看，挖设水平沟＋种植草本＋种植灌木措施下的土壤质量最优，说明在短期阶段，挖设水平沟＋种植草本＋种植灌木模式对于提升马尾松林区土壤质量效果较好，对林区生态环境恢复的促进作用更为有效。因此，可认为挖设水平沟＋种植草本＋种植灌木这一水土流失治理措施组合对于南方红壤侵蚀劣地来说，是具有区域适宜性的水土流失治理措施模式，是良好的区域水土流失治理示范。

# 5 高效开发型水土流失治理措施、技术和示范研究

## 5.1 湘北新垦经果林红壤坡地水土流失治理措施、技术和示范研究

### 5.1.1 概述

水土资源是人类社会发展的基础，近年来，大量低丘山岗区开发造成了严重的水土流失。党的十九大报告首次提出了乡村振兴战略，并把生态建设、环境保护放在重要位置，因而需要严守生态红线，保护乡村环境，建设山清水秀的美丽乡村。

红壤主要分布在我国南方地区，约占全国土地总面积的五分之一。该区水热充沛，区位优越，是粮食、果蔬生产的重要基地。湖南省属亚热带湿润气候区，全省地形多样，以低山丘岗地为主。2015 年调查显示全省坡度 <15° 的坡耕地面积较大，主要分布于湖南省中北部。随着经济的发展、乡村振兴战略的提出，大量的低丘岗区被开发成为坡地，种植经济果林。湖南省油茶发展计划到 2020 年，栽培面积超过 2500 万亩；湖南省中药材发展规划到 2025 年，栽培面积达到 500 万亩。同时增加高端水果种植面积，到 2020 年总面积达 100 万亩。低效、粗放、高强度的坡地开发模式，加之缓坡度（4° ~ 15°）、短坡长（4 ~ 15 m）、薄土层（80 ~ 100 cm）的地貌特征，使原本薄弱的土层更加松散，土壤颗粒之间的凝聚力下降，在降雨作用下，水土流失加剧，土地肥力下降明显，加之在经济果林开发初期人们对水土保持工作的不重视，使得该区的水土流失更为严重，资料显示我省水土流失年均侵蚀量大，坡耕地土壤侵蚀占总侵蚀量的 60%，是水土流失主要产生地。其中湘北红壤丘岗区已成为我省开垦面积最大、水土流失最为严重的区域。同时环洞庭湖生态经济区建设上升为国家战略，乡村振兴提出城镇化道路进入加速阶段，因此对于红壤丘岗区经济果林坡地的水土流失、地力恢复研究具有重要的现实指导作用。

本次选取新开发2年种植猕猴桃果树的坡地，选取特定的地形因素、植被套种为研究对象，建立野外径流试验小区，在自然降雨条件下，开展坡地产流产沙观察试验，明确红壤丘岗区坡耕地侵蚀产流产沙规律及其特征。同时选取猕猴桃经果林下连续3年套种紫薯、毛叶苕子、荒草的坡地进行土壤团聚体稳定性试验，探讨红壤丘岗区开发初期坡耕地经济果林不同植物套种模式下土壤团聚体的分布及稳定性特征，以期为红壤丘岗区新改经济果林坡地水土流失的防治、坡地土壤生产力的提高提供一定的理论依据和技术指导。

该项示范研究主要内容如下：

①地形因子对红壤丘岗区经果林坡面产流产沙特征的影响。以湘北红壤丘岗区经果林坡面为研究对象，通过测定不同坡长和坡度条件下坡面累积产流量、坡面径流深、累积产沙量、径流含沙率来计算径流系数和侵蚀模数，分析湘北红壤丘岗区经果林地形因子（坡长和坡度）对坡地产流产沙特征的影响效果，确定该区坡长、坡度与累积产流量和产沙指标的定量关系。

②植物套种对红壤丘岗区经果林坡面水土流失特征的影响。通过监测自然条件下雨强，分析不同植物套种模式下湘北红壤丘岗区的产流产沙特征，评价植物套种模式对该区坡面水土流失特征的影响效果。

③红壤丘岗区经果林坡面土壤团聚体分布及稳定性分析。通过测定和分析不同植物套种模式坡地的土壤团聚体数量和大小，明确植物套种模式土壤团聚体分布规律和改善土壤团聚体稳定性效果。

### 5.1.2 示范研究区概况

示范研究区位于湖南农业大学岳阳县试验研究站（岳阳峰岭菁华果园基地），研究站地处湖南省北部岳阳县筻口镇（北纬28°57′11″～29°38′41″，东经112°44′14″～113°43′35″，图5–1），地貌自东北向西南呈阶梯状倾斜，地形以低山丘陵为主，平均海拔200 m。该区气候属亚热带季风性气候，年降水量为1289.8～1556.2 mm。受地理位置影响，西部湖区水量偏少，逐步向东部低山丘区递增，每年1月和12月，降水最少；5月和6月，降水最多；8月和9月，雨量较少，常出现秋旱天气。研究区年平均气温为16.5～17.2 °C，年平均风速为2.0～2.7 m/s，年日照时数为1590.2～1722.3 h，无霜期256～285 d。

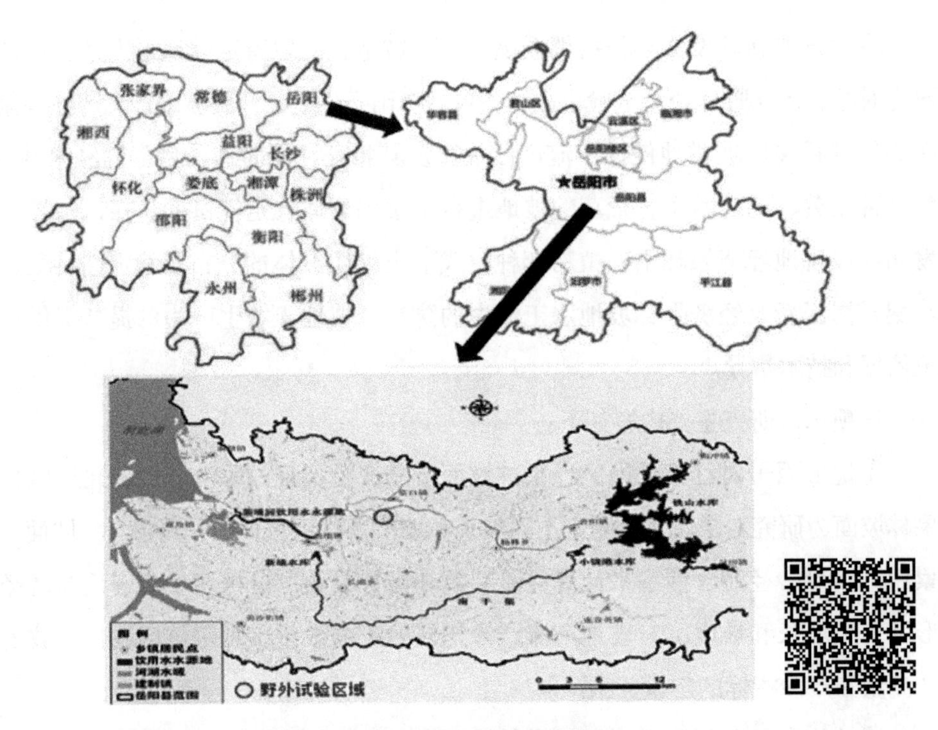


图 5-1 野外试验研究区位置图

试验区土壤为第四纪红色黏土母质发育的红壤，根据国际制土壤质地分类标准，属于壤质黏土（35.8% 砂粒，30.3% 粉粒，33.9% 黏粒），土壤干容重为 1.48 g/cm$^3$，有机质含量为 1.10 g/kg，pH 为 4.50。受长期淋溶作用，土壤中养分大量流失，肥力差，土壤发育极不完全，胶结不紧实，易受到降雨侵蚀，容易形成较大面积的“剥皮山”。试验区土地利用类型为新开发 2 年的猕猴桃经果林地，主要长度小于 18 m，坡度以小于 15° 的缓坡为主。猕猴桃种植方式为垄上种植，垄宽为 1.5 m。由于试验区为新开垦的坡地，当地常受降雨影响且土壤结构较差，导致该地土壤侵蚀严重。主要表现为坡顶位置土壤石化，坡面泥沙细颗粒集中于坡底部，土地生产力下降严重（图 5-2）。

图 5-2 研究区水土流失现状

### 5.1.3 试验材料与方法

（1）试验设计

①径流小区试验设计。

坡长、坡度是影响土壤侵蚀发生的重要因子，综合研究区坡长特点（坡长多在4 ~ 18 m内）和前人研究，选择3个坡长水平（4 m、8 m、12 m）和3个坡度（4°、8°、12°）水平，以探究坡长对红壤坡地水土流失的影响。植物套种能有效控制水土流失，是治理红壤丘岗区坡耕地经济果林水土流失措施之一。考虑猕猴桃生长和当地常见植物，选择3种套种植物，分别为生长快、耐旱力强的毛叶苕子，适应性强、侧根发达的黑麦草，具藤蔓结构、枝叶茂盛且覆盖度高的紫花苜蓿。

试验小区于2018年12月底修建完成，于2019年3月至2019年9月开展自然降雨条件下坡面产流产沙试验。根据上述因素和水平，共设径流试验小区27个（表5-1）。根据设定的坡长、坡度，结合猕猴桃果树分垄种植（猕猴桃通常起垄种植，每垄宽度为1.5 m）特点，布置试验小区，试验小区朝东西向（图5-3）。用米尺测定试验小区的坡长，用罗盘仪测定试验小区的坡度，试验小区的上部和两边分别用PP板作为边界隔开，防止小区之外的径流流入到小区内部以及试验小区内径流的外流，PP板埋深30 cm，小区下部布设径流泥沙收集设备，包括集水槽、输水槽、集水桶等。

**表5-1 径流试验小区布置**

| 小区编号 | 坡长/m | 坡度/° | 植被类型 |
|---|---|---|---|
| 1 | 4 | 4 | 黑麦草 |
| 2 | 4 | 8 | 黑麦草 |
| 3 | 4 | 12 | 黑麦草 |
| 4 | 4 | 4 | 毛叶苕子 |
| 5 | 4 | 8 | 毛叶苕子 |
| 6 | 4 | 12 | 毛叶苕子 |
| 7 | 4 | 4 | 紫花苜蓿 |
| 8 | 4 | 8 | 紫花苜蓿 |
| 9 | 4 | 12 | 紫花苜蓿 |
| 10 | 8 | 4 | 黑麦草 |
| 11 | 8 | 8 | 黑麦草 |
| 12 | 8 | 12 | 黑麦草 |
| 13 | 8 | 4 | 毛叶苕子 |
| 14 | 8 | 8 | 毛叶苕子 |

续表

| 小区编号 | 坡长 /m | 坡度 /° | 植被类型 |
| --- | --- | --- | --- |
| 15 | 8 | 12 | 毛叶苕子 |
| 16 | 8 | 4 | 紫花苜蓿 |
| 17 | 8 | 8 | 紫花苜蓿 |
| 18 | 8 | 12 | 紫花苜蓿 |
| 19 | 12 | 4 | 黑麦草 |
| 20 | 12 | 8 | 黑麦草 |
| 21 | 12 | 12 | 黑麦草 |
| 22 | 12 | 4 | 毛叶苕子 |
| 23 | 12 | 8 | 毛叶苕子 |
| 24 | 12 | 12 | 毛叶苕子 |
| 25 | 12 | 4 | 紫花苜蓿 |
| 26 | 12 | 8 | 紫花苜蓿 |
| 27 | 12 | 12 | 紫花苜蓿 |

**图 5-3 径流小区建设图**

②坡面土壤团聚体稳定性试验设计。

坡面土壤团聚体稳定性试验区猕猴桃果园于 2015 年 8 月由低山丘陵区开发而成，顺坡种植猕猴桃。考虑土壤本底值对研究的影响，选择同一区域相邻的坡耕地，且开发时坡面土壤混合均匀。根据该区特殊的地形地貌特征（坡度平均在 10° ~ 15°、短坡长 15 ~ 20 m），选取坡度为 12° 左右，坡长为 18 m，宽度为 1.5 m（猕猴桃通常起垄种植，每垄宽度为 1.5 m）的试验区。综合考虑适应南方低山丘岗区和当地已有的套种植物，筛选出 3 种作为研究猕猴桃的套种植物：一是适应性强、快生快长、具有块茎、藤蔓结构的紫薯；二是覆盖度高、根系发达，能够作为绿肥的毛叶苕子；三是本地自然生长、耐践踏、侧根发达的野生杂草。试验设4个处理，即在猕猴桃树下连续3年套种紫薯、毛叶苕子、荒草，不套种作物即裸地作为对照组，每个处理重复3个，共12个小区。紫薯为横斜插苗，毛叶苕子采用播种方式，种子埋深约5 cm，二者种植密度为每平方米10 ~ 15株左右，荒草为自然生长，三种套种植物均直接种植在猕猴桃树下。每个处理果园管理方式（耕作、施肥、喷药、采摘等）保持一致。

（2）试验方法

①降雨量测定。

在整个试验区的坡上、坡中、坡下处各布置1个雨量计，用于监测自然降雨量。2019年3月至2019年8月，共计26次降雨，以大雨和暴雨为主，降雨总量为2695.85 mm（图5-4），其中5月、6月、7月降雨最为集中，月降雨量分别为548.95 mm、655.05 mm、528.5 mm。试验期内对15次降雨事件进行了监测，次降雨量、次降雨历时和平均雨强如表5-2所示。其中，平均雨强为1.2 ~ 45 mm/h。

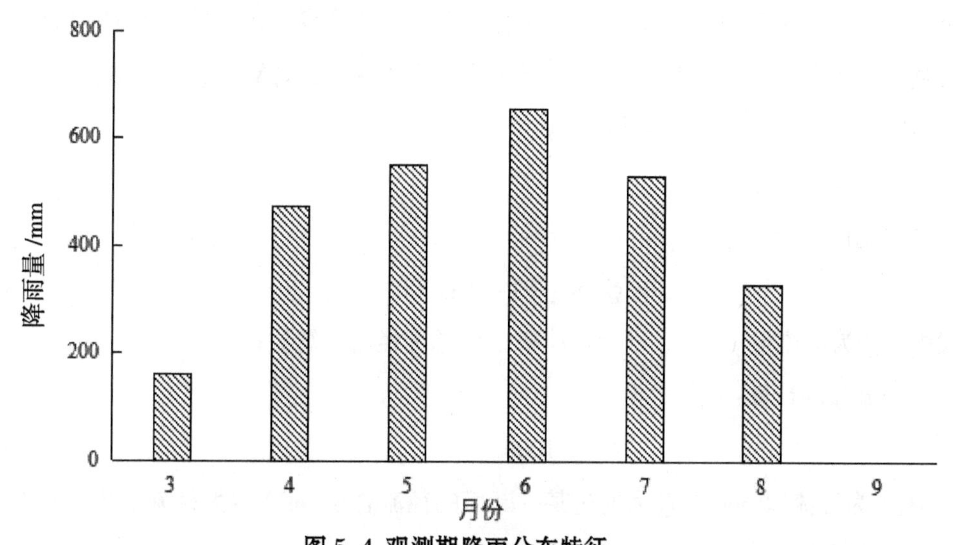


**图5-4 观测期降雨分布特征**

**表5-2 15次典型降雨特征**

| 序号 | 降雨日期 | 降雨量 /mm | 降雨历时 /h | 平均雨强 /（mm · $h^{-1}$） |
|---|---|---|---|---|
| 1 | 2019-03-24 | 22.3 | 20 | 1.20 |
| 2 | 2019-03-26 | 17.7 | 1.5 | 11.8 |
| 3 | 2019-03-30 | 15.5 | 5.0 | 2.82 |
| 4 | 2019-04-02 | 82.0 | 9.0 | 9.11 |
| 5 | 2019-04-12 | 160.5 | 19.0 | 8.42 |
| 6 | 2019-04-28 | 39.5 | 6.0 | 6.60 |
| 7 | 2019-05-12 | 105.5 | 9.5 | 11.11 |

续表

| 序号 | 降雨日期 | 降雨量 /mm | 降雨历时 /h | 平均雨强 /（mm·$h^{-1}$） |
|---|---|---|---|---|
| 8 | 2019-05-30 | 30.5 | 3.5 | 8.71 |
| 9 | 2019-06-06 | 50.3 | 7.0 | 7.18 |
| 10 | 2019-06-21 | 120 | 6.0 | 20.00 |
| 11 | 2019-07-04 | 90.5 | 2.0 | 45.00 |
| 12 | 2019-07-13 | 102.0 | 3.0 | 34.00 |
| 13 | 2019-08-06 | 40.8 | 5.0 | 8.16 |
| 14 | 2019-08-12 | 32.3 | 3.5 | 9.20 |
| 15 | 2019-08-25 | 83.5 | 4.0 | 20.87 |

②径流量和泥沙量测定与计算。

a. 径流量和泥沙量测定。

每次降雨形成有效径流后，在 12 h 之内进行取样，用天平测出径流总量的质量，在测量径流量后，进行水样采集。采集时将集流桶内的水充分搅浑，用大口瓶取水样 3 瓶，每瓶水量 500 mL 左右，在实验室称取每瓶水的质量，将水样分别倒入大铝盒，放入烘箱，并在 105 ℃下烘干 8 h，用千分之一天平称重，计算平均值。取样完以后把集水桶冲洗干净，以备下次试验使用。

b. 产流指标计算。

产流量的计算：

$$Q=m_{总}(1-\gamma)/1000 \tag{5-1}$$

式中，$Q$ 为产流量（$m^3$），$\gamma$ 为含沙率，$M$ 总为径流的总质量（kg）。

径流深的计算：

$$R=Q/1000S \tag{5-2}$$

式中，$R$ 为径流深（mm），$Q$ 为通过某一断面的径流总量（$m^3$），$S$ 为径流小区的面积（$m^2$）。

径流系数的计算：

$$\alpha=R/h \tag{5-3}$$

式中，$\alpha$ 为径流系数，$R$ 为径流深（mm），$h$ 为降雨量（mm）。

c. 产沙指标相关计算。

含沙率的计算：

$$\gamma=m_{泥沙}/m \tag{5-4}$$

式中，$m_{泥沙}$ 为烘干后的泥沙质量（kg），$m$ 为取样时每瓶的泥沙和水的质量（kg）。

产沙量的计算：

$$M=\gamma M_{总} \tag{5-5}$$

式中，$M_{总}$为径流总量的质量（kg）。

每次降雨产流后，计算得到侵蚀量，结合径流小区的面积进一步计算降雨的土壤侵蚀模数：

$$M_s=1000M/S \quad (5\text{-}6)$$

式中，$M_s$为降雨的土壤侵蚀模数（$t/km^2$），$M$为产沙量（kg），$S$为径流小区的面积（$m^2$）。

③土壤团聚体测定与计算。

a. 土壤团聚体测定。

于2018年11月沿顺坡方向在距坡顶0 m、6 m、12 m、18 m处进行土壤取样（图5-5），取样深度为0~15 cm。取样时将土壤表层的枯草落叶铲除，再进行取样。每个样点采集原状土，为减少在运移过程中对土壤样品的扰动，使用竹刀将土壤切成四方块，土样重约0.5 kg，将采集好的土样装入方铝盒中带回实验室后置于通风处风干。整个取样过程中尽量减少对土样的扰动，以免对试验结果产生干扰。

样品的测定在原状土自然风干后，剔除土样中较大的杂物，将土壤样品沿着自然裂痕分割为1 $cm^3$左右，取200 g剥离的1 $cm^3$左右土样做干筛试验，使其通过一套直径分别为5 mm、2 mm、1 mm、0.5 mm、0.25 mm的筛组，测定>5 mm、2 ~ 5 mm、1 ~ 2 mm、0.5 ~ 1 mm、0.25 ~ 0.5 mm、<0.25 mm粒级土样的质量。水稳性团聚体测定采用萨维诺夫法，使用干筛法得到各粒级团聚体，按比例配成湿筛法所需土样的质量，将配置好的土样放入团聚体分析仪套筒内（孔径自上而下依次为5 mm、2 mm、1 mm、0.5 mm、0.25 mm），缓缓向套筒内加入蒸馏水至淹没过土壤，振动频率为30次/min，振荡时间5 min，然后用烘干法测得每个粒径等级土壤的质量。

**图5-5　坡面土壤团聚体稳定性取样及试验图**

b. 团聚体相关指标计算。

各粒径团聚体的质量百分含量=（该粒径团聚体质量/团聚体总质量）×100%（5-7）

平均质量直径（$MWD$，mm）的计算公式：

$$MWD=\sum_{i}^{n}W_iX_i \tag{5-8}$$

几何平均直径（$GWD$，mm）的计算公式：

$$GWD=\exp\left(\frac{\sum_{i=1}^{n}Wl_gX_i}{\sum_{i=1}^{n}W_i}\right) \tag{5-9}$$

式中，$W_i$为该尺寸范围内土壤团聚体干重占总干重的百分含量，$n$为分样筛的数目，$X_i$为聚集在每一个尺寸筛子的平均直径（mm）。

土壤机械稳定性（干筛）和水稳定性（湿筛）大于0.25 mm团聚体含量（$R>0.25$）的计算公式：

$$R_{>0.25}=\frac{M_{r>0.25}}{M_T}=1-\frac{M_{r<0.25}}{M_T} \tag{5-10}$$

式中，$M_r$为各粒径团聚体质量（g），$M_T$为团聚体总质量（g）。

土壤团聚体结构破坏率（$PAD$）的计算公式：

$$PAD=[（R_{>0.25（干筛）}-R_{>0.25（湿筛）}）/R_{>0.25（干筛）}]\times 100\% \tag{5-11}$$

土壤分形维数（$D$）采用杨培岭等的土壤颗粒分形模型进行计算：

$$D=3-\frac{\lg\left(W_i/W_0\right)}{\lg\left(\overline{d_i}/\overline{d_{\max}}\right)} \tag{5-12}$$

式中，$\overline{d_{\max}}$为最大粒级团聚体的平均直径（mm），$W_i$是直径小于$d_i$土粒累积的质量（g），$W_0$是全部粒级土粒质量之和（g），$\overline{d_i}$为两筛分粒之间粒径的平均值（mm）。

（3）数据分析

采用SPSS软件（IBM Corp，USA）对数据进行统计分析。报告中所用数据为各指标均值，采用Excel 2016对图表进行绘制。

### 5.1.4　湘北红壤丘岗区新垦经果林坡地产流产沙特征

（1）坡长对坡面产流量的影响

不同坡长（4 m、8 m、12 m）条件下坡面累积产流量如图5–6所示。由图可知，各套种植被类型的累积产流量均随着坡长的增加而增加。当坡长为4 m时，毛叶苕子、黑麦草、紫花苜蓿套种模式的累积径流量分别为0.74 $m^3$、0.53 $m^3$、0.81 $m^3$。与4 m坡长相比，在毛叶苕子套种模式下，8 m坡长和12 m坡长的产流量分别增加50.0%、123.0%；在黑麦草坡面套种模式下，产流量则分别增加64.2%、166.0%；在紫花苜蓿套种模式下，产流量分别增加60.5%、134.6%。其原因主要是随坡长增加，坡面受雨面积增加，产流随之增大，坡长越长，径流的重力势能越大，转化成动能的能量自然也越大，流速也就越快。同时随着坡长的增加，坡面产生大量细沟，更多的径流集中成股向下流动，侵蚀泥沙的能力大大增强，在向下流动的过程中，细小的黏粒可能会阻塞土壤孔隙，使得土壤的下渗能力减弱，产流更大。对观测期内的累积产流量与坡长的关系进行回归分析，发现二者有较好的指数关系（决定系数在 0.80 以上）。

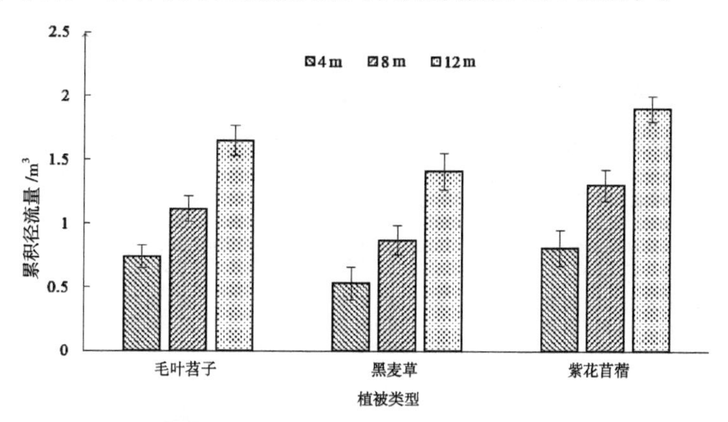


**图 5-6 观测期内各试验小区不同坡长下的累积产流量**

为进一步探究坡长对坡面产流量的影响，选取观测期内 6 次典型降雨，测定 4 m、8 m 和 12 m 坡长的径流量。因不同套种模式条件下累积产流量随坡长变化的趋势基本一致，以毛叶苕子为例，对坡面产流的坡长效应做进一步分析。由图 5-7 可知，随坡长增加，坡面产流量增加；雨强越大，增速越快。雨强较小，如雨强为 6.60 mm/h，坡长由 4 m 增至 8 m，对应产流量增量为 0.0051 $m^3$，而坡长由 8 m 增至 12 m，该增量为 0.0285 $m^3$，产流量陡然增加，后者增量是前者的 5.56 倍；雨强较大，如雨强为 34.00 mm/h 时，相对 4 m 坡长，8 m 坡长的产流量增量为 0.058 $m^3$；相对 8 m 坡长，12 m 坡长的产流量增量为 0.0427 $m^3$，是坡长 4 m 至 8 m 产流增量（0.058 $m^3$）的 0.74 倍。随着雨强的增加（高于 20.87 mm/h），坡长增量对产流增量的影响减小。

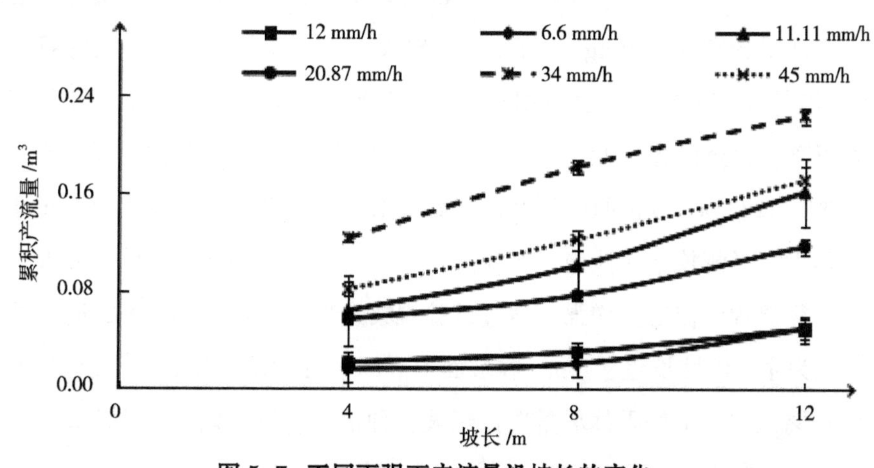


**图 5-7 不同雨强下产流量沿坡长的变化**

为进一步探究不同坡长下雨强与产流量的关系，将各坡长条件下产流量与雨强关系绘于图5-8。随着雨强的增大，坡面产流量增加，坡长越长其增幅越大，但其值是波动的。雨强由1.20 mm/h增加到45.00 mm/h，坡长为4 m时其产流量增量为0.059 $m^3$，坡长为8 m时其产流量增量为0.091 $m^3$，坡长为12 m时其产流量的增量为0.121 $m^3$，12 m坡长的产流量为4 m坡长产流量的2.05倍。原因可能是径流小区套种了植物，其大量的生物和发达的根系涵养了大量水分，坡面的微地形比较复杂，在雨强较小时，形成的径流为薄层流，其流速比较慢，产流增幅比较小，随着降雨强度的增大，雨滴动能增加，其溅起的细小土粒堵塞了土壤孔隙，导致坡面水分入渗减少，加快了地表径流形成。同时，在雨强较小时，坡面产流波动幅度比较平缓，雨强较大时，波动幅度比较大。

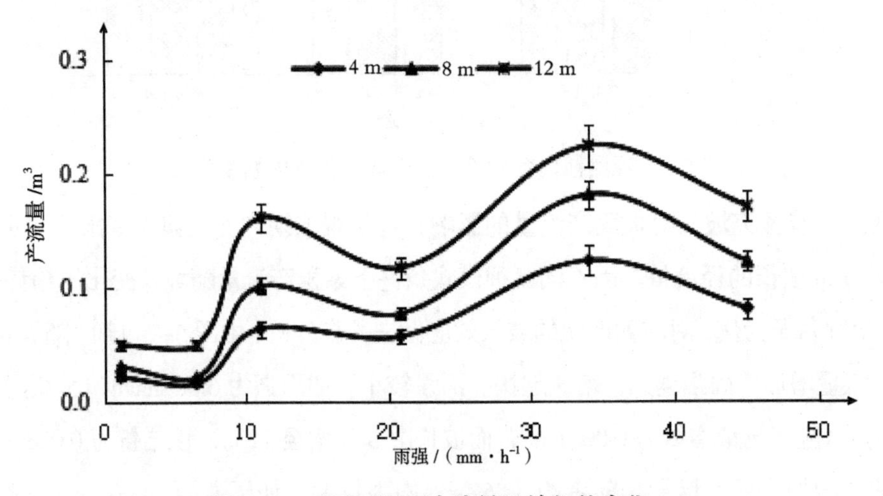


**图5-8　不同雨强下产流量沿坡长的变化**

（2）坡长对坡面产沙量的影响

坡长对坡面产沙过程的影响如图5-9所示。总体来看，各套种植被类型的累积产沙量均随着坡长增加而增加。在坡长为4 m时，毛叶苕子、黑麦草、紫花苜蓿套种模式的累积产沙量分别为5.79 kg、4.00 kg、7.51 kg。与4 m坡长相比，毛叶苕子套种模式下，8 m坡长和12 m坡长，其累积产沙量分别增加83.8%、329.7%；对于黑麦草套种模式，累积产沙量分别增加98.3%，355.0%；对于紫花苜蓿套种模式，累积产沙量分别增加107.9%、128.9%。分析原因认为，当坡长增加时，试验区坡面受雨面积增大，径流量随之增大，径流挟带泥沙向下流动过程中，对坡面冲刷能力增强。此外，因径流路径增加，径流的汇流能力增强。通过试验观察发现，当坡长小于8 m时，坡面侵蚀以片状侵蚀为主，而坡长超过8 m，在坡面中下部存在局部细沟侵蚀，侵蚀急剧增加。故在红壤丘岗区坡耕地经果林尽量选择短坡长种植，能很好减缓泥沙流失，这对红壤丘岗区经果林在布置水保措施时有一定的借鉴意义。

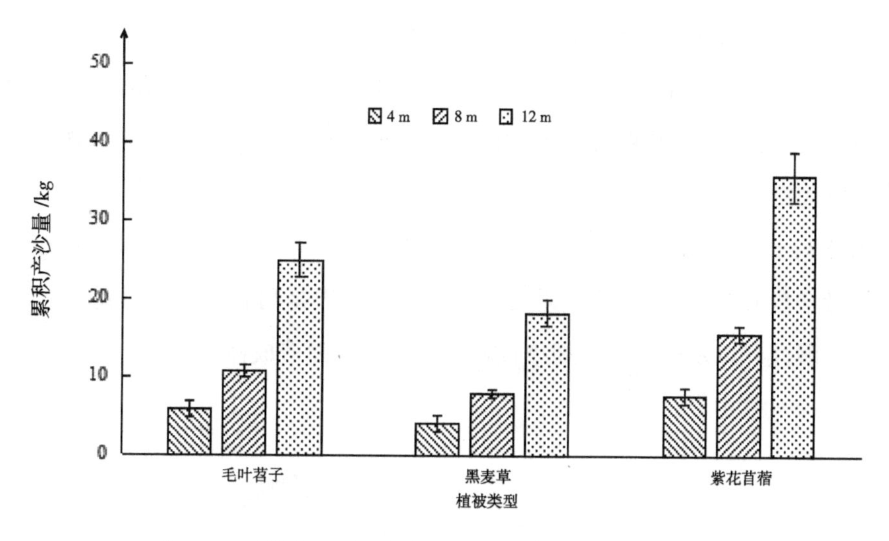


**图 5-9　观测期内各试验小区不同坡长下的累积产沙量**

为进一步探究坡长对坡面产沙量的影响，选取观测期内 6 次典型次降雨，分析产沙量随坡长动态变化的过程，结果如图 5-10 所示，产沙量为各坡长条件下产沙量的累加值。由图 5-10 可知，坡面的冲刷量随着坡长增加呈增大趋势，雨强越大，产沙量增幅越大。坡长由 4 m 增加到 8 m，产沙量增加，当坡长由 8 m 延长到 12 m 时，产沙量增量更大。如雨强为 1.2 mm/h，坡长由 4 m 增加到 12 m，产沙量在 0.023 ~ 0.124 kg 之间变化，其增量为 0.101 kg；而当雨强增加到 34 mm/h 时，产沙量在 1.223 ~ 4.321 kg 之间变化，变幅为 3.098 kg。试验区由林地改造，改造导致坡面土壤松散，土壤原本结构遭到破坏，土壤稳定性大大降低，其抗蚀性大幅度减小。同时红壤区其本身有机质含量较低，砂粒含量高，土壤颗粒之间黏结性不强；随着坡长增加，坡面侵蚀物质来源增加，所以坡长越长，坡面产沙量越大；雨强较大时，雨滴对坡面表层土壤打击力度增大，大大破坏了土壤颗粒之间的团粒结构，加大了坡面侵蚀物质的来源。

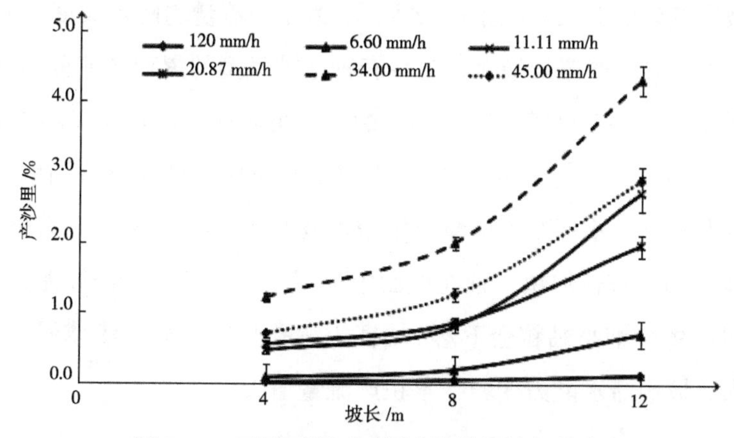


**图 5-10　不同雨强下冲刷产沙量沿坡长的变化**

为进一步探究在相同坡长下雨强与产沙量的关系，将各坡长条件下产沙量的累加值随雨强的变化情况绘于图 5-11。由图 5-11 可知，随着雨强的增加，坡面产沙量总体上呈增加趋势，坡长越长其增幅越大。雨强由 1.20 mm/h 增加到 45.00 mm/h，4 m 坡长的产沙量变化范围为 0.02 ~ 1.22 kg，增量为 1.2 kg；8 m 坡长产沙量的变化范围为 0.06 ~ 2.01 kg，增量为 1.95 kg，12 m 坡长产沙量的变化范围为 0.12 ~ 4.32 kg，增量为 4.20 kg，为 4 m 坡长产沙量增量的 3.5 倍。降雨对坡面侵蚀的影响主要是雨滴打击坡面表层土壤，造成坡面土壤的溅蚀，以及径流挟带细小颗粒的泥沙对坡面造成侵蚀。

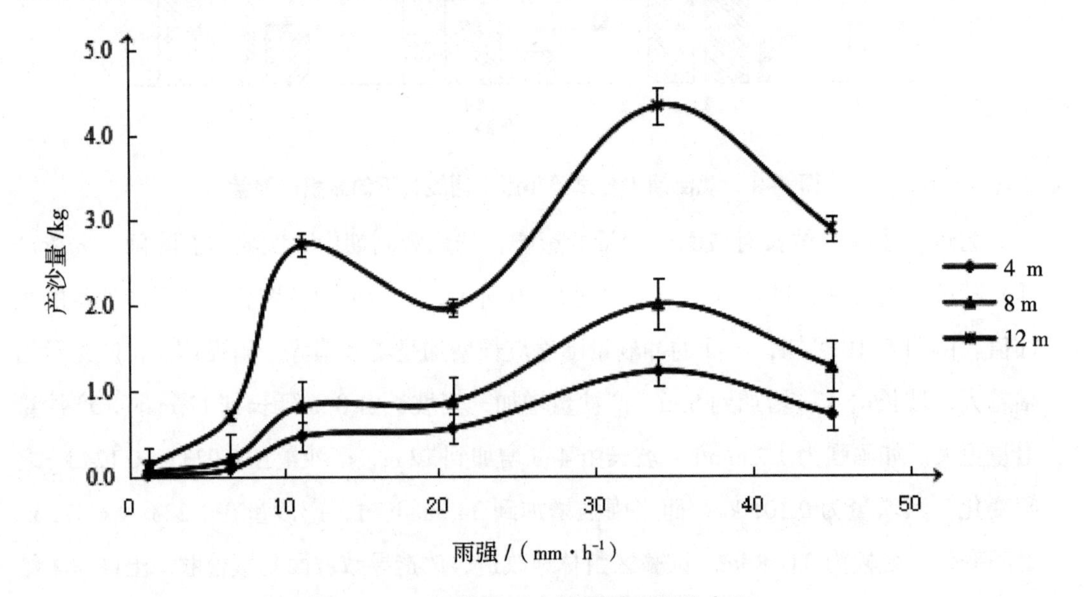


**图 5-11 不同坡长下产沙量随雨强的变化**

（3）坡度对坡面产流产沙的影响

坡度是影响坡面产流的重要因素，模拟降雨研究表明，坡度在一定范围内，坡面的产流量随着坡度增大而增加。本试验探究了在观测期内不同套种植物类型下累积产流量随坡度变化的关系，如图 5-12 所示。累积产流量均随着坡度的增大而增加，在坡度为 12° 时，累积产流量最大，三种套种植被类型的累积产流分别为 1.44 m$^3$、1.17 m$^3$、1.65 m$^3$。其中毛叶苕子试验小区的坡长由 4 m 增加到 8 m 再增加到 12 m，其产流量分别增加 0.24 m$^3$、0.30 m$^3$，黑麦草试验小区其产流量分别增加 0.19 m$^3$、0.26 m$^3$，紫花苜蓿试验小区其产流量分别增加 0.26 m$^3$、0.33 m$^3$。随着坡度的增加，径流重力势能增加，流速加快，且在坡面中下部产生细沟，其侵蚀能力增强，在径流向下流动过程中，细小黏粒会下落，堵塞土壤孔隙，水分下渗减弱，产流变大。同时坡度越大，坡面滞水能力变弱，累积产流量增大。

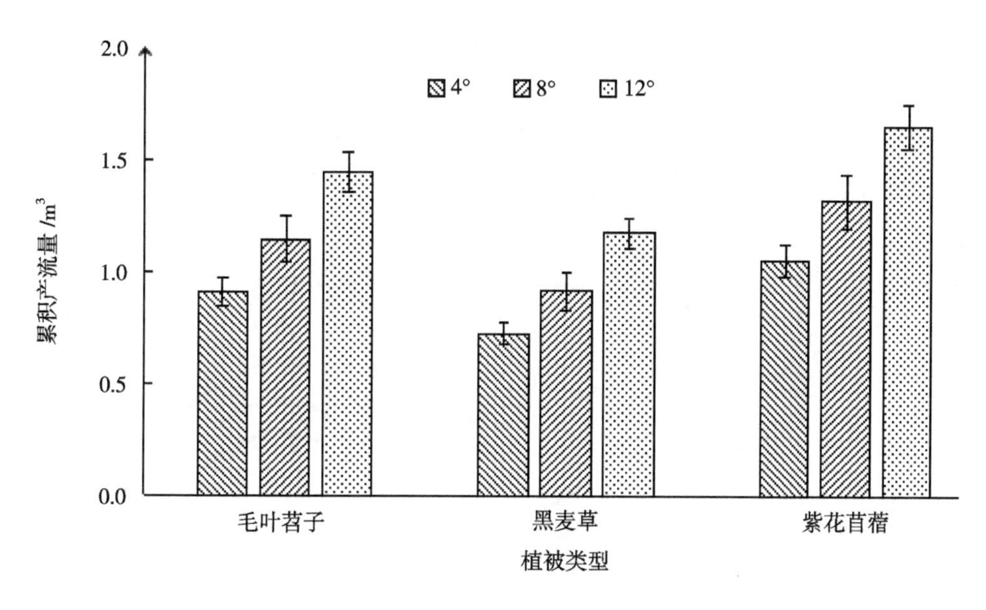


**图 5-12 观测期内各试验小区不同坡度下的累积产流量**

考虑 3 种植物套种模式下坡面产流随坡度的变化趋势相似，为进一步探究坡度对坡面产流量的影响，选取观测期内 6 次典型降雨条件下毛叶苕子套种模式的坡度和累积产流量进行分析（图 5-13）。由图 5-13 可知，坡面产流量随着坡度增加而增加，各坡度阶段间增量大体一致。坡度从 4° 到 8°，再到 12°，随着雨强增加，坡度每增加 4° 其产流增量呈增加趋势，其中雨强为 11.11 mm/h 时增量最大。

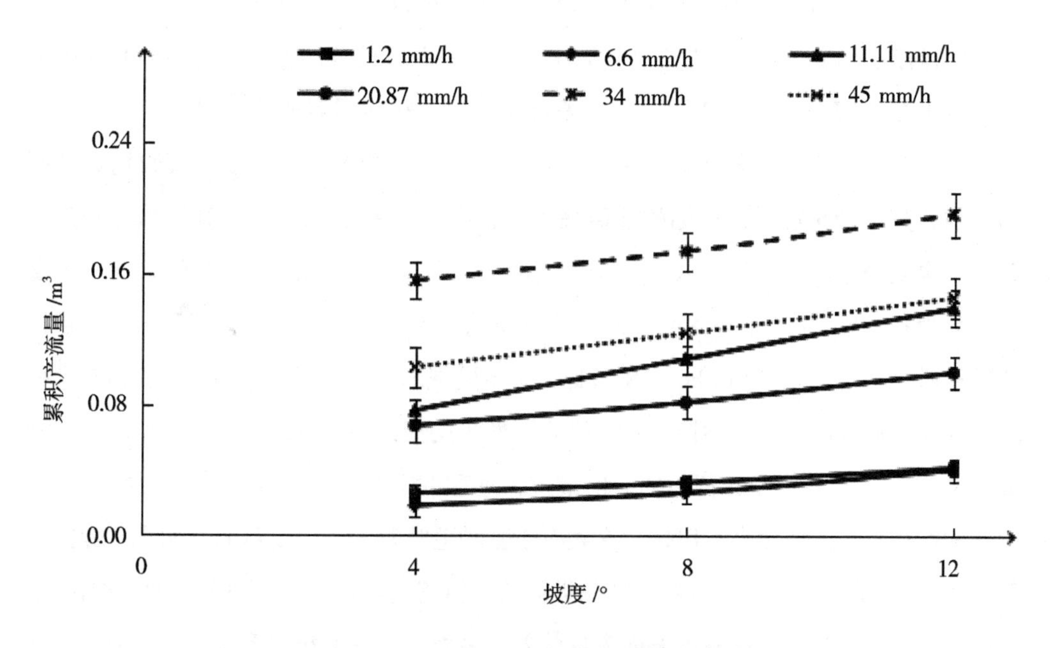


**图 5-13 不同雨强下产流量沿坡度的变化**

为进一步探究不同坡度下雨强与产流量的关系，对累积产流量随雨强的变化过程进行分析。由图 5-14 可知，随着雨强增大，坡面产流量总体上呈现波动增加趋势，坡度越大其增幅越大。雨强由 1.20 mm/h 增加到 45.00 mm/h，坡度 4°、8°、12° 的产流量增量分别为 0.077 $m^3$、0.091 $m^3$、0.104 $m^3$。

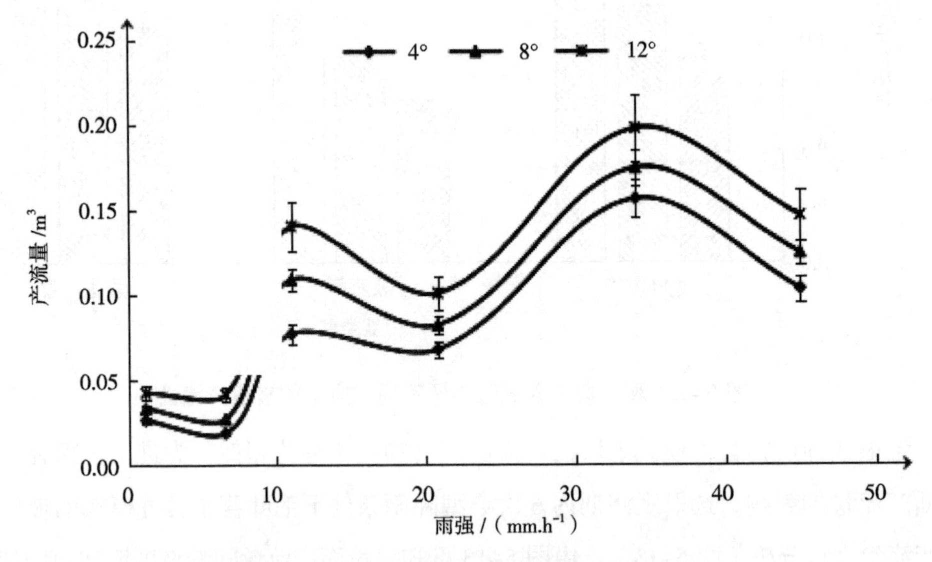


**图 5-14 不同坡度下产流量随雨强的变化**

### 5.1.5 植物套种对红壤丘岗区新垦经果林坡地水土流失特征的影响

（1）植物套种对红壤丘岗区经果林坡面水土流失特征的影响

根据径流小区 3—9 月份的实地监测情况，在一定坡长条件下，三种植被套种类型的坡面水土流失特征如表 5-3 所示，由表可以看出，在相同累积降雨量下，三种植被套种类型下各试验小区的累积产流量、含沙率、累积产沙量、平均侵蚀模数均有较明显的区别。其中紫花苜蓿各指标的数值最大，累积产流量为 4.01 $m^3$，其数值分别为毛叶苕子和黑麦草的 1.10 倍、1.42 倍。套种毛叶苕子、黑麦草、紫花苜蓿的试验小区含沙率分别为 0.90%、0.83%、1.15%，以紫花苜蓿的含沙率最大。同时各试验小区的累积产沙量分别为 41.31 kg、30.13 kg、58.86 kg。本试验观测了一个雨季周期内三种植被套种下坡面的水土流失情况，三种植被套种模式下的平均侵蚀模数分别为 24.32 t/$km^2$、17.58 t/$km^2$、34.12 t/$km^2$，其中紫花苜蓿的数值最大，为毛叶苕子的 1.40 倍、黑麦草的 1.94 倍，说明套种紫花苜蓿的坡面水土保持效果相对于套种毛叶苕子、黑麦草的坡面水土保持效果较差。分析原因认为，种植紫花苜蓿的坡面植物覆盖度相对于其他两种套种作物较低，在阻截降雨能量，减少土壤溅蚀方面表现较差；另外，紫花苜蓿根系入土深，但毛细根较少，在拦截表层径流方面的效果较差，同时紫花苜蓿高茎直立、高 30~100 cm，在增加地表糙度和水分下渗，减少径流总量和径流速度方面表现一般，作为对比，毛叶苕子是藤状作物，大大增加了坡面覆盖度和粗糙度，黑麦草属于浅根系作物，在距地表 5~10 cm 存在大量毛细根，增大坡面水分的下渗，加大对坡面水分涵养。综合以上分析，南方红壤丘岗区经济果林套种植物应该选择黑麦草或者毛叶苕子，不宜选择紫花苜蓿。

**表 5–3　不同植物套种下径流小区的水土流失特征**

| 植被类型 | 累积降雨量 /mm | 累积产流量 /$m^3$ | 平均含沙率 /% | 累积产沙量 /kg | 平均侵蚀模数 /（t·$km^{-2}$） |
|---|---|---|---|---|---|
| 毛叶苕子 | 992.9 | 3.64±0.03 | 0.90±0.03 | 41.31±0.05 | 24.32±0.04 |
| 黑麦草 | 992.9 | 2.81±0.05 | 0.83±0.02 | 30.13±0.07 | 17.58±0.06 |
| 紫花苜蓿 | 992.9 | 4.01±0.03 | 1.15±0.04 | 58.86±0.06 | 34.12±0.06 |

（2）降雨强度对植被套种坡面水土流失特征影响

降雨量和降雨强度对坡面水土流失有重要的影响。在 15 次典型降雨中，选取 6 次具有梯级特征额的降雨过程，其降雨量、降雨强度以及水土流失特征如表 5–4 所示，其数据为各植物套种模式下指标的平均值或累加值。由表 5–4 可以看出，坡面的侵蚀强度随雨强增大而增大，降雨量对坡面的水土流失特征的影响更加明显，是坡面水土流失的决定性影响因素。综合对比 3 种植被套种模式的水土保持效果，发现黑麦草水土保持效果最好，紫花苜蓿水土保持效果最差。随着降雨量和降雨强度的增大，3 种植物套种模式的水土保持效果差异逐渐显现，当降雨量为 102 mm、降雨强度为 34 mm/h 时，套种毛叶苕子、黑麦草、紫花苜蓿坡面小区的产流量分别为 0.53 $m^3$、0.42 $m^3$、0.58 $m^3$，产沙量分别为 7.55 kg、6.20 kg、10.12 kg，套种紫花苜蓿的坡面小区产沙量最大，分别为套种毛叶苕子、黑麦草坡面小区产沙量的 1.34 倍、1.63 倍。3 种植被套种模式下坡面土壤侵蚀模数分别为 68.82 t/$km^2$、56.90 t/$km^2$、91.15 t/$km^2$，紫花苜蓿的数值最大，分别为毛叶苕子、黑麦草的 1.32 倍、1.60 倍。毛叶苕子、黑麦草坡面小区植被覆盖度均高于紫花苜蓿坡面小区，在雨滴打击地表时，紫花苜蓿坡面小区表层土壤更易遭到破坏，土壤侵蚀增大。同时分析发现，历时短、雨量大的降雨造成的土壤侵蚀剧烈，原因是雨强大时，坡面径流深增加，静水压力变大，入渗率增大。此外，在雨滴打击作用下，部分静止毛管水向下运动，增加了坡面水分的入渗量。当雨强增大到某一值时，雨滴打击力度过大，破坏表层土壤结构，水分入渗率降低，产流量增大。

表 5-4　不同降雨强度下各套种小区的水土流失特征

| 植被类型 | 降雨量 /（mm·日$^{-1}$） | 降雨历时 /h | 平均降雨强度 /（mm·h$^{-1}$） | 累积产流量 /m$^3$ | 累积径流深 /mm | 累积产沙量 /kg | 平均侵蚀模数 /（t·km$^{-2}$） |
| --- | --- | --- | --- | --- | --- | --- | --- |
| 毛叶苕子 | 22.3 | 20 | 1.20 | 0.10 ± 0.02 | 9.04 ± 0.03 | 0.20 ± 0.01 | 1.76 ± 0.07 |
| | 39.5 | 6 | 6.60 | 0.09 ± 0.03 | 7.29 ± 0.02 | 1.00 ± 0.03 | 8.06 ± 0.05 |
| | 105.5 | 9.5 | 11.11 | 0.33 ± 0.02 | 28.36 ± 0.04 | 4.00 ± 0.05 | 33.52 ± 0.04 |
| | 83.5 | 4 | 20.87 | 0.25 ± 0.01 | 22.61 ± 0.08 | 3.40 ± 0.04 | 31.02 ± 0.03 |
| | 102 | 3 | 34.00 | 0.53 ± 0.03 | 48.62 ± 0.09 | 7.55 ± 0.02 | 68.82 ± 0.04 |
| | 90.5 | 2 | 45.00 | 0.37 ± 0.02 | 33.59 ± 0.05 | 4.87 ± 0.06 | 43.34 ± 0.07 |
| 黑麦草 | 22.3 | 20 | 1.20 | 0.08 ± 0.02 | 6.83 ± 0.03 | 0.14 ± 0.02 | 1.08 ± 0.04 |
| | 39.5 | 6 | 6.60 | 0.08 ± 0.02 | 6.30 ± 0.02 | 0.69 ± 0.02 | 5.52 ± 0.02 |
| | 105.5 | 9.5 | 11.11 | 0.25 ± 0.05 | 20.97 ± 0.07 | 2.26 ± 0.03 | 19.39 ± 0.04 |
| | 83.5 | 4 | 20.87 | 0.20 ± 0.03 | 17.01 ± 0.06 | 2.16 ± 0.05 | 18.87 ± 0.06 |
| | 102 | 3 | 34.00 | 0.42 ± 0.05 | 37.71 ± 0.04 | 6.20 ± 0.02 | 56.90 ± 0.05 |
| | 90.5 | 2 | 45.00 | 0.30 ± 0.02 | 25.96 ± 0.08 | 3.42 ± 0.03 | 31.11 ± 0.02 |
| 紫花苜蓿 | 22.3 | 20 | 1.20 | 0.09 ± 0.01 | 7.86 ± 0.03 | 0.21 ± 0.02 | 1.79 ± 0.03 |
| | 39.5 | 6 | 6.60 | 0.10 ± 0.03 | 8.65 ± 0.06 | 1.49 ± 0.02 | 12.64 ± 0.07 |
| | 105.5 | 9.5 | 11.11 | 0.40 ± 0.04 | 34.85 ± 0.06 | 5.86 ± 0.03 | 50.21 ± 0.07 |
| | 83.5 | 4 | 20.87 | 0.28 ± 0.03 | 25.15 ± 0.04 | 4.60 ± 0.05 | 41.19 ± 0.05 |
| | 102 | 3 | 34.00 | 0.58 ± 0.02 | 52.56 ± 0.09 | 10.12 ± 0.05 | 91.15 ± 0.06 |
| | 90.5 | 2 | 45.00 | 0.44 ± 0.05 | 40.71 ± 0.06 | 7.11 ± 0.06 | 63.80 ± 0.05 |

（3）前期降雨量对植物套种坡面水土流失特征影响

前期降雨量对坡面水土流失影响显著。2019 年 3 月 24 日降雨量为 22.3 mm，毛叶苕子、黑麦草、紫花苜蓿坡面小区均产生了径流和泥沙侵蚀（表 5-5）。其产流量和产沙量分别为：1.10 m$^3$、0.08 m$^3$、0.09 m$^3$；0.20 kg、0.14 kg、0.21 kg。3 月 26 日降雨量为 15.5 mm，毛叶苕子、黑麦草、紫花苜蓿坡面小区均产生了径流和泥沙侵蚀，其产流量和产沙量分别为：0.07 m$^3$、0.07 m$^3$、0.08 m$^3$；0.87 kg、0.91 kg、1.23 kg。可以看出，两次降雨量相差不大，但二者产流量和产沙量差别明显。同种套种类型下，坡面小区产生的产流量减少，产沙量反而增大；产沙量最大增大了 4.86 倍，为紫花苜蓿坡面小区；最小增大了 3.35 倍，为毛叶苕子坡面小区。毛叶苕子、黑麦草、紫花苜蓿套种的坡面小区侵蚀模数分别增大了 3.55 倍、6.35 倍、5.06 倍。主要原因是前期降雨时，土壤含水率较低，套种的植物根系能储蓄大量水分，大部分降雨入渗，形成径流的有效降雨量较少，对坡面的侵蚀作用比较弱。在二次降雨时，由于前期降雨增大了土壤的含水率，使土壤颗粒之间黏结力降低，径流剪切侵蚀作用增强，水土流失情况加剧。

**表 5–5　前期降雨条件下坡面小区的水土流失特征**

| 植被类型 | 日期 | 降雨量 /mm | 累积产流量 /$m^3$ | 累积径流深 /mm | 累积产沙量 /kg | 平均侵蚀模数 /（$t \cdot km^{-2}$） |
|---|---|---|---|---|---|---|
| 毛叶苕子 | 2019 年 3 月 24 日 | 22.3 | 1.10±0.03 | 9.04±0.10 | 0.20±0.05 | 1.76±0.03 |
| | 2019 年 3 月 26 日 | 15.5 | 0.07±0.02 | 6.15±0.05 | 0.87±0.04 | 8.01±0.09 |
| 黑麦草 | 2019 年 3 月 24 日 | 22.3 | 0.08±0.02 | 6.83±0.06 | 0.14±0.02 | 1.08±0.02 |
| | 2019 年 3 月 26 日 | 15.5 | 0.07±0.02 | 5.84±0.04 | 0.91±0.03 | 7.94±0.07 |
| 紫花苜蓿 | 2019 年 3 月 24 日 | 22.3 | 0.09±0.03 | 7.86±0.05 | 0.21±0.02 | 1.79±0.05 |
| | 2019 年 3 月 26 日 | 15.5 | 0.08±0.02 | 6.71±0.12 | 1.23±0.04 | 10.85±0.06 |

### 5.1.6　红壤丘岗区新垦经果林坡面土壤团聚体分布及稳定性分析

（1）植物套种和坡位对土壤团聚体数量的影响

不同植物套种模式下沿坡长方向大于 0.25 mm 机械稳定性和水稳定性土壤团聚体的数量如表 5–6 所示。由表可知：各处理的机械稳定性团聚体含量（*DR*>0.25）为 95.4% ~ 98.8%，与对照相组比较，*DR*>0.25 平均增加了 1.7%；各处理的水稳定性团聚体含量（*WR*>0.25）为 76.2% ~ 88.6%，与对照相组比较，*WR*>0.25 平均增加了 5.6%。总体上 *DR*>0.25 比 *WR*>0.25 大 15.5%。总体上，各处理的机械稳定性和水稳定性团聚体数量大小顺序分别为毛叶苕子 > 荒草 > 紫薯 > 裸地，紫薯 > 毛叶苕子 > 荒草 > 裸地。从坡顶向坡底方向，各处理的 *DR*>0.25 和 *WR*>0.25 随着坡长增加均呈下降趋势，裸地的下降幅度最大。紫薯和毛叶苕子处理的 *WR*>0.25 含量在坡底部位（12 ~ 18 m 处）下降明显，分别下降 3.4% 和 4.1%。植物套种下的 *WR*>0.25 与对照组差异显著。分析其原因在新改坡耕地建园的初期，合理的植物套种模式能显著改善 0 ~ 15 cm 土层中土壤团聚体分布和数量。在干筛法和湿筛法下的最大增幅分别达到了 2.94% 和 12.44%。原因主要是新改坡耕地后，每年施入了大量的有机肥，增加了有机质的来源，促进了土壤颗粒之间的胶结作用，使得土壤中的大团聚体含量显著增加。同时植物的套种增加了对土壤的覆盖，有效地减少了雨滴对土壤的打击。植物根部和枯枝落叶腐烂后，增加了土壤有机质的来源，改善了土壤的结构，也有利于大团聚体的形成和保持。沿坡长方向，各处理 *DR*>0.25 和 *WR*>0.25 含量随着坡长的增加逐渐减少，原因主要是土壤侵蚀对表层土扰动最为明显，而试验区多以低山丘岗地为主，土层较薄，径流的冲刷会带走大部分的土壤细粒，造成团聚体的流失。

表 5-6 不同植物套种模式下沿坡长方向大于 0.25 mm 土壤团聚体的数量

| 指标 | 处理 | 坡长 /m | | | |
|---|---|---|---|---|---|
| | | 0 | 6 | 12 | 18 |
| 机械稳定性团聚体 | 紫薯 | (98.4 ± 0.85) % | (98.0 ± 0.62) % | (97.5 ± 1.13) % | (97.2 ± 0.81) % |
| | 毛叶苕子 | (98.8 ± 0.83) % | (98.4 ± 0.96) % | (98.3 ± 0.98) % | (97.7 ± 1.39) % |
| | 荒草 | (98.3 ± 0.78) % | (98.1 ± 0.85) % | (97.8 ± 1.16) % | (97.7 ± 1.31) % |
| | 裸地 | (97.0 ± 0.72) % | (96.8 ± 1.37) % | (96.1 ± 1.24) % | (95.4 ± 1.21) % |
| 水稳定性团聚体 | 紫薯 | (88.6 ± 0.81) % | (87.4 ± 1.22) % | (85.9 ± 1.67) % | (82.6 ± 0.94) % |
| | 毛叶苕子 | (88.2 ± 0.83) % | (87.1 ± 1.06) % | (85.2 ± 1.33) % | (81.1 ± 0.90) % |
| | 荒草 | (85.4 ± 1.29) % | (82.4 ± 1.12) % | (81.0 ± 1.24) % | (79.1 ± 1.19) % |
| | 裸地 | (81.5 ± 0.94) % | (79.6 ± 1.37) % | (78.4 ± 1.03) % | (76.2 ± 0.83) % |

（2）植物套种和坡位对土壤团聚体大小的影响

*MWD* 和 *GMD* 是团聚体粒径分布的重要参数，由表 5-7 可知，各处理干筛法得到的 *MWD* 和 *GMD* 均大于湿筛法，说明土壤团聚体大部分为机械稳定性团聚体。套种处理的 *MWD* 和 *GMD* 均高于裸地，且大小顺序均为紫薯 > 毛叶苕子 > 荒草 > 裸地。其中干筛法下各处理的 *MWD* 较裸地处理平均增加 20.5% ~ 23.2%，*GMD* 平均增加 29.9% ~ 40.0%；湿筛法下 *MWD* 平均增加 12.8% ~ 32.9%，*GMD* 平均增加 14.0% ~ 39.5%。沿坡长方向，各处理表层土壤的 *MWD* 和 *GMD* 均有减小的趋势。干筛法以裸地处理减少幅度最大，分别为 11.4%、17.1%；而湿筛法裸地处理减少幅度最小，其值分别为 10.8%、12.1%。套种紫薯小区所得到的 *MWD* 和 *GWD* 的值最大，沿坡长方向，土壤团聚体的 *MWD* 和 *GWD* 逐渐减小，这主要是坡顶和坡中的细小黏粒随雨水到达了坡底，增加了 <0.25 mm 团聚体的含量，降低了 >0.25 mm 团聚体的比例，这两个指标是此消彼长的关系。

表 5-7 不同植物套种模式下沿坡长方向不同坡位土壤团聚体的 *MWD* 和 *GMD*

| 方法 | 指标 | 处理 | 坡长 /m | | | |
|---|---|---|---|---|---|---|
| | | | 0 | 6 | 12 | 18 |
| 干筛法 | *MWD* | 紫薯 | (4.05 ± 0.04) % | (3.91 ± 0.02) % | (3.78 ± 0.03) % | (3.63 ± 0.05) % |
| | | 毛叶苕子 | (4.02 ± 0.05) % | (3.98 ± 0.09) % | (3.89 ± 0.10) % | (3.81 ± 0.07) % |
| | | 荒草 | (3.96 ± 0.02) % | (3.93 ± 0.03) % | (3.70 ± 0.04) % | (3.60 ± 0.02) % |
| | | 裸地 | (3.24 ± 0.04) % | (3.04 ± 0.05) % | (2.94 ± 0.02) % | (2.87 ± 0.04) % |

续表

| 方法 | 指标 | 处理 | 坡长 /m | | | |
|---|---|---|---|---|---|---|
| | | | 0 | 6 | 12 | 18 |
| 干筛法 | GMD | 紫薯 | （3.54±0.03）% | （3.35±0.02）% | （3.16±0.05）% | 2.95±0.06 |
| | | 毛叶苕子 | （3.53±0.04）% | （3.45±0.06）% | （3.31±0.01）% | （3.21±0.06）% |
| | | 荒草 | （3.47±0.03）% | （3.40±0.03）% | （3.06±0.05）% | （2.92±0.03）% |
| | | 裸地 | （2.51±0.02）% | （2.27±0.02）% | （2.15±0.04）% | （2.08±0.03）% |
| 湿筛法 | MWD | 紫薯 | （2.55±0.02）% | （2.49±0.02）% | （2.30±0.04）% | （2.02±0.03）% |
| | | 毛叶苕子 | （2.11±0.03）% | （2.06±0.02）% | （2.04±0.02）% | （1.86±0.04）% |
| | | 荒草 | （2.02±0.03）% | （1.91±0.02）% | （1.71±0.06）% | （1.55±0.03）% |
| | | 裸地 | （1.67±0.04）% | （1.57±0.06）% | （1.55±0.04）% | （1.49±0.03）% |
| | GMD | 紫薯 | （1.73±0.02）% | （1.68±0.02）% | （1.46±0.05）% | （1.20±0.07）% |
| | | 毛叶苕子 | （1.40±0.04）% | （1.36±0.01）% | （1.30±0.03）% | （1.14±0.02）% |
| | | 荒草 | （1.21±0.02）% | （1.14±0.03）% | （1.00±0.02）% | （0.94±0.03）% |
| | | 裸地 | （0.99±0.02）% | （0.94±0.02）% | （0.88±0.03）% | （0.87±0.02）% |

（3）植物套种和坡位对土壤团聚体稳定性的影响

团聚体结构破坏率（*PAD*）是湿筛法后破损的团聚体比例，可以较好地反映土壤结构的稳定性。由图 5–15 可知，植物套种处理条件 *PAD* 值大小顺序是裸地 > 荒草 > 毛叶苕子 > 紫薯。紫薯、毛叶苕子和荒草处理的平均 *PAD* 值分别比裸地处理低 0.05、0.04、0.01。沿坡长方向上，各处理的土壤团聚体结构破坏率随着坡长的增加而逐渐增大，变化范围为 9.9% ~ 20.2%。紫薯处理的土壤结构破坏率变化最小，沿坡长方向的土壤结构破坏率变化范围为 9.9% ~ 15.5%；毛叶苕子处理次之，为 10.7% ~ 17.0%；荒草和裸地的变化范围分别为 13.2% ~ 18.6% 和 16.0% ~ 20.2%。紫薯和毛叶苕子处理在坡底部位（坡位 12 ~ 18 m）的 *PAD* 有明显增大趋势。坡耕地经济果林套种植物以后，不同的套种模式都较好地提高了土壤的稳定性，降低了团聚体的结构破坏率。

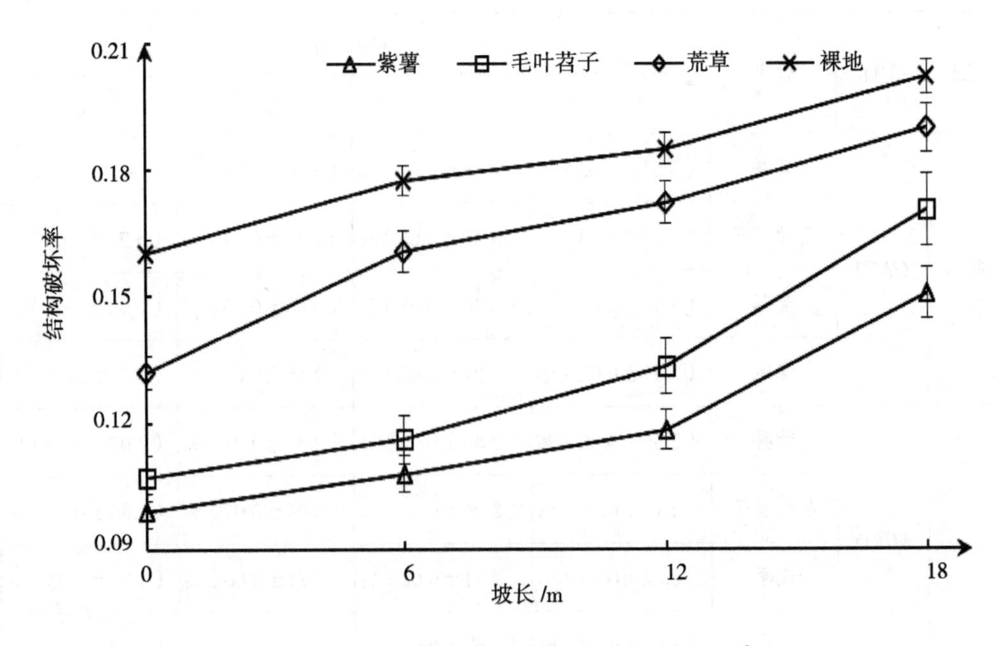


**图 5-15 不同植物套种模式下土壤结构破坏率**

### 5.1.7 小结

各试验小区累积产流量和产沙量均随着坡长、坡度的增加而增加。湘北红壤丘岗区经果林套种黑麦草或毛叶苕子能降低水土流失风险。通过分析 3 种植物套种模式下累积产流量、累积产沙量、平均侵蚀模数可知，紫花苜蓿套种模式的水土保持效果较差，黑麦草和毛叶苕子套种模式的水土保持效果较好。

在新改坡耕地建园初期，合理的植物套种能显著改善 0 ~ 15 cm 土层中土壤团聚体分布和数量，提高了土壤的稳定性，降低了团聚体结构破坏率，其效果表现为紫薯 > 毛叶苕子 > 荒草 > 裸地。但从坡顶向坡底方向，各试验处理的团聚体指标均表现为随着坡长的增加呈现变差的趋势。

## 5.2 湘北丘岗区恢复期梯田边坡侵蚀特征及其防治措施试验研究

### 5.2.1 概述

近年来，湘北地区大量的山丘岗区，在种植大户或果业公司的开垦改造下，变成经济附加值高的经济果林坡耕地。部分地区把坡耕地改造成水平梯田，再种植经济果树，这一工程形式是实现土地资源高效开发和合理利用的良好措施，进一步减弱水土流失程度，保持了土壤肥力。然而，坡耕地开发成梯田后，人们却忽略了梯田边坡的防护，致使梯田边坡的水土流失情况仍然严峻。在新时代、新形势下，水土流失治理目标不仅在于减少土壤侵蚀上的防护，还需要致力于区域生态系统的恢复和发展。本试验研究以水土流失治理为契机，以农林果业经济增值发展为导向，以生态服务功能提升为目标，改善区域自然环境、拓宽经济发展途径、提升生态景观水平、增强整体可持续发展能力。围绕湘北丘岗区恢复期梯田边坡土壤侵蚀问题，选择黄桃幼林梯田边坡为研究对象，分析不同影响因子对恢复期梯田边坡土壤侵蚀过程的影响，这不仅有助于深入探明湘北丘岗区坡改梯后的梯田边坡土壤侵蚀过程，而且有助于筛选出梯田修筑的合理坡长尺度，揭示自然恢复时间与梯田边坡侵蚀的内在联系，并提出合理的梯田边坡防治时期及优化梯田边坡水土保持方案，为我省湘北丘岗区生态和经济的可持续发展提供一定的理论依据和现实技术指导。

本次示范研究以湘北丘岗区恢复期梯田边坡为对象，通过野外监测与室内实验相结合，观测天然降雨条件下梯田坡长、植物种类和网布覆盖等因素对梯田边坡泥沙流失、土壤水力特性及土壤物理特征影响，从而分析出梯田边坡水土流失特点，并探究出梯田边坡水土流失防治关键时期与防治措施。

①坡长对恢复期梯田边坡土壤侵蚀的影响。分析坡长对恢复期梯田边坡土壤容重、土壤机械组成、土壤饱和导水率、土壤入渗的影响，探究了坡长对恢复期梯田边坡土壤侵蚀规律的影响，并对各坡长边坡土壤容重、土壤机械组成、土壤饱和导水率、土壤入渗相关关系进行分析。

②防治措施对恢复期梯田边坡土壤侵蚀的影响。分析植物种植和网布覆盖对恢复期梯田边坡土壤容重、土壤机械组成、土壤饱和导水率、土壤入渗的影响，探究了植物种植和网布覆盖对恢复期梯田边坡土壤侵蚀规律的影响，并对各植物种植和网布覆盖下边坡土壤容重、土壤机械组成、土壤饱和导水率、土壤入渗相关关系进行分析。

### 5.2.2 研究区概况

本试验研究区位于湖南省岳阳市岳阳县［岳阳县位于湖南省东北部（北纬28° 57′ 11″ ~ 29° 38′ 41″，东经 112° 44′ 14″ ~ 113° 43′ 35″）］。野外试验研究区域的梯田均由大型机械修筑而成，梯田边坡修筑完成后，人为扰动结束，此时其他水土保持措施也未有效实施，在自然降雨的作用下，梯田边坡土壤开始侵蚀，形成不同程度的坡面侵蚀沟，坡面泥沙被冲刷到坡底。降雨在梯田平台形成积水，慢慢入渗土壤，土壤含水量激增，再在自然降雨的直接打击下，雨水冲刷梯田边坡已经形成的侵蚀沟，使得侵蚀沟进一步扩大，进而崩塌。野外试验研究区域水土流失情况如图 5-16 所示。

图 5-16 野外试验研究区水土流失状况

### 5.2.3 试验设计与方法

野外试验研究选择在湘北丘岗区恢复期梯田边坡上进行，地点位于湖南省岳阳县筻口镇峰岭菁华果园基地。本试验研究基于野外天然降雨，主要试验研究小区建设在开发完成已经半年的梯田区域。根据研究目的与基地实际情况，从坡长、自然恢复时间和治理措施三个方面对梯田边坡进行合理设置，各试验研究小区布设于 2019 年 3 月下旬完成。在修筑完成的梯田边坡下方，安置坡面泥沙收集装置，用以收集流失的泥沙样。试验研究所用梯田均为机修梯田，受施工机械影响，梯田边坡坡度均为 40°。

（1）梯田坡长因素试验设计

梯田坡长因素试验是为了探明坡长对梯田边坡土壤侵蚀特征的影响，并提供梯田修筑时边坡坡长的参考。结合果园基地地形的实际情况，坡长是以集水区分水线为起点至边坡坡面侵蚀泥沙沉积点的距离长度，即梯田边坡坡顶至坡底的斜边直线长度。选择在同一坡向、同一坡度、同一边坡上，设置 2 m、3 m、4 m、5 m、6 m 共五个不同坡长，每个小区坡宽均设置为 2 m，每个坡长处理均设有两个观测小区，在各试验研究小区下方安置泥沙收集装置，收集各试验研究小区坡面的月泥沙累积流失量。在装置左右两边设置小土墩坎，防止坡面流失的泥沙再从收集装置左右两边被冲刷流走，用泥沙收集装置收集每个月总降雨下边坡坡面的泥沙累积流失量，监测梯田边坡坡面每月累积产沙量对坡长的响应。在探究坡长对梯田边坡的产沙量的影响，试验研究所需小区建设在半年梯田区域内。坡长的具体设置见图 5–17。

**图 5–17 坡长设置图**

（2）防治措施因素试验设计

防治措施因素试验是为了探究防治措施实施后梯田边坡侵蚀特征，并确立梯田边坡最佳防治措施。在防治措施方面，根据野外实际情况，在同一坡向、同一坡度、同一坡面上，选择坡长为 3 m 的坡面，单个试验小区的坡宽设置为 2 m，每个处理均设有两个观测小区。考虑到简单易实施、低成本、野外实用性等客观因素，本试验研究将采用植物种植和网布覆盖相结合的边坡防治方式。在植物种植方面，分别种植黑麦草（R）、毛叶苕子（HV）、紫花苜蓿（MS）三种植物，边坡底部安置泥沙收集装置，用以收集泥沙。在网布覆盖方面，间接利用植物种植治理措施中的黑麦草种植，从而形成黑麦草组、黑麦草 + 纱网（RG）组、黑麦草 + 无纺布（RF）组，共 3 个试验研究组，边坡下方依然采用泥沙收集装置收集泥沙。在这坡面上，还将设置不做任何处理的裸露坡面，作为不同植物种植与覆盖处理的空白对照（CK）组，治理措施上共有 5 个处理方式，再加上 1 个空白处理，共 6 个处理。试验研究观测小区建设在开发完成已半年时间的梯田区域内。图 5–18 为不同防治措施具体设置情况。

**图 5–18 不同防治措施设置图**

（3）测试方法

①降雨量观测。在试验研究小区附近放置两个一体式雨量器，对 2019 年 4 月到 2019 年 9 月期间的降雨进行连续性观测，记录每次的降雨量。单次降雨量结果取两个雨量器中雨量的平均值。

②产沙量测定。对试验研究小区每次降雨的产沙量进行累积，每个月收集一次。将每个试验研究小区流失的泥沙，全部收集装入袋中，带回实验室内后用烘箱烘干，再用电子秤对烘干后的泥沙进行称量。

③土壤容重测定。采用环刀法进行测定，选择 0 ~ 10 cm 的表层土壤，取样过程中需保持环刀内的土壤结构不受破坏，取出带有土样的环刀后，用削土刀切去环刀两端多余的土壤，使土壤与环刀口平齐，环刀内的土壤体积要与环刀容积大小一致，最后将环刀两端用小盖盖好，带回室内实验室后放入烘箱中烘干，先称得土体加环刀及下盖的质量，然后称得环刀及下盖的质量，再计算出土体的质量及环刀的体积，最后计算出土壤容重。各试验研究边坡各坡位，均取样三次，结果取三者的平均值。

④土壤机械组成测定。采集坡面坡上、坡中、坡下三个坡位 0 ~ 10 cm 的表层土壤，将土壤带回室内实验室让其自然风干，风干以后的土壤先去除大石块、草根等无关杂物，然后将土壤放入研磨皿中研磨，再将磨过的土壤过 2 mm 筛孔后备用。取适量过筛后的土样，通过吸管法测定土壤各粒级的百分比含量。对所取样的土壤，共做三组测定，结果取三者的平均值。

⑤土壤入渗率测定。利用小型盘式入渗仪对土壤进行原位入渗测定，入渗测定包括土壤累积入渗量、土壤稳定入渗率。测量坡面的入渗时，需要用切土刀水平向坡内切割出一个大约 6 cm × 6 cm 的平台，再在平台面上铺好一层薄薄的石英细沙，使得盘式入渗仪的水能够均匀垂直入渗。为消除负压水头对入渗试验的影响，在进行预试验后，确定对试验研究边坡各坡位，进行负压水头为 4 cm 的土壤入渗测定，各坡位均测定三次。而大量的野外田间试验研究表明，采用小型盘式入渗仪测定土壤入渗率，一般在 240 s 内会达到稳定，因此以入渗时间为 240 s 时的情况作为反映土壤入渗能力的指标，测定过程中数据每隔 30 s 记录一次，将所得试验数据录入已经在 Microsoft Excel 中编写好的公式中进行处理，再得到相应的数据结果。

⑥土壤饱和导水率测定。采用环刀法测量，选择 0~10 cm 表层土壤，从室外用环刀取回原状土样后，在环刀下端套上一个垫有一层滤纸的带有小孔的底盖，再在环刀上端套上一个空环刀。两个环刀的接口处使用黑色电气胶布密封严实，再放入滤纸，

然后把环刀放入水中，水层不超过第一个环刀的上端边缘。对土体进行 24 h 的浸泡处理，土壤吸水饱和后，将粘在一起的环刀放置到漏斗的上方，架设好漏斗架，漏斗下方放置烧杯承接，上方用马氏瓶定水头给水。当第一滴水通过漏斗滴入小烧杯时，开始计时。各试验研究边坡各坡位，均取样三次，结果取三者的平均值。

（4）数据分析

试验研究中所得数据采用 Microsoft Excel 和 SPSS 20 等软件进行相关处理与分析，相关绘图使用 Microsoft Excel 完成。

### 5.2.4 坡长对恢复期梯田边坡土壤侵蚀特征影响

（1）坡长对梯田边坡土壤容重和机械组成的影响

探究坡长条件下各坡位的土壤容重时，对一年梯田边坡的土壤情况进行分析，梯田边坡各坡长不同坡位土壤容重详见表 5-8。由表 5-8 可知，2 ~ 6 m 坡长，边坡土壤容重介于 1.36 ~ 1.63 g/cm$^3$ 之间，土壤容重最大值出现在 6 m 坡长坡下位，土壤容重最小值出现在 5 m 坡长坡上位。5 m 坡长较为特殊，坡上位土壤容重小于 1.40 g/cm$^3$，坡中位、坡下位土壤容重均介于 1.42 ~ 1.45 g/cm$^3$ 之间。除了 5 m 坡长外，各坡长坡下位土壤容重均在 1.50 g/cm$^3$ 以上。在分析单个坡长，边坡不同坡位土壤容重的变化特征时，发现从坡上位到坡下位，土壤容重呈现出增加的趋势。

**表 5-8　梯田边坡各坡长不同坡位土壤容重**

| 坡长 /m | 坡位 | 容重 /（g · cm$^{-3}$） | |
|---|---|---|---|
| | | 平均值 | 标准差 |
| 2 | 上 | 1.48 | 0.03 |
| | 中 | 1.52 | 0.01 |
| | 下 | 1.56 | 0.04 |
| 3 | 上 | 1.50 | 0.01 |
| | 中 | 1.50 | 0.03 |
| | 下 | 1.55 | 0.02 |
| 4 | 上 | 1.47 | 0.01 |
| | 中 | 1.50 | 0.02 |
| | 下 | 1.53 | 0.04 |
| 5 | 上 | 1.36 | 0.01 |
| | 中 | 1.45 | 0.01 |
| | 下 | 1.42 | 0.01 |

续表

| 坡长 /m | 坡位 | 容重 / (g·cm$^{-3}$) | |
|---|---|---|---|
| | | 平均值 | 标准差 |
| 6 | 上 | 1.40 | 0.01 |
| | 中 | 1.43 | 0.01 |
| | 下 | 1.63 | 0.05 |

自然状态下的土壤都是由大小不同的土粒组成的，各个粒级土壤在总体中所占的相对比例或质量分数，称为土壤机械组成，也称为土壤质地。土壤机械组成不仅是土壤分类的重要诊断指标，也是影响土壤水、肥、气、热状况，物质迁移转化及土壤退化过程的重要因素。探究坡长条件下各坡位的土壤机械组成，对一年梯田边坡的土壤情况进行分析，具体见表 5–9。从表 5–9 可以看出，随着坡长的增加，土壤各粒级的含量处于波动状态。分析单个坡长时发现，从坡上到坡下均呈现出黏粒含量与粉粒含量减少的趋势，砂粒含量呈现出增加的趋势。

**表 5–9　梯田边坡各坡长不同坡位土壤机械组成特征**

| 坡长 /m | 坡位 | 黏粒含量 /% | 粉粒含量 /% | 砂粒含量 /% |
|---|---|---|---|---|
| 2 | 上 | 10.87 | 29.19 | 59.94 |
| | 中 | 10.15 | 29.08 | 60.77 |
| | 下 | 9.69 | 28.69 | 61.62 |
| 3 | 上 | 10.73 | 30.73 | 58.54 |
| | 中 | 10.13 | 29.32 | 60.55 |
| | 下 | 9.89 | 28.82 | 61.29 |
| 4 | 上 | 11.11 | 30.10 | 58.79 |
| | 中 | 10.75 | 30.37 | 58.88 |
| | 下 | 10.41 | 28.04 | 61.55 |
| 5 | 上 | 11.92 | 29.39 | 58.69 |
| | 中 | 11.97 | 30.40 | 57.63 |
| | 下 | 10.04 | 27.37 | 62.59 |
| 6 | 上 | 11.66 | 29.65 | 58.69 |
| | 中 | 10.93 | 29.92 | 59.15 |
| | 下 | 9.11 | 26.52 | 64.37 |

（2）坡长对梯田边坡水力参数的影响

为了探明各坡长不同坡位土壤入渗量的变化特征，对梯田建设完成时间为一年的梯田边坡不同坡位土壤进行入渗特性测定。图 5–19 描绘了不同坡长各坡位的土壤累积入渗量。由图 5–19 可知，在整个土壤入渗过程中，随着入渗时间的延长，土壤累积入渗量逐渐增加。在 240 s 入渗结束后分析单个坡长发现，在 2 m、3 m、6 m 三个坡长下，各坡位土壤累积入渗量均表现出的大小关系为：*I* 坡上位 >*I* 坡中位 >*I* 坡下位；4 m 坡长各坡位土壤累积入渗量表现出的大小关系为：*I* 坡中位 >*I* 坡上位 >*I* 坡下位；5 m 坡长各坡位土壤累积入渗量表现出的大小关系为：*I* 坡上位 >*I* 坡下位 >*I* 坡中位。在五个坡长中，2 m 坡长坡上位与坡中位土壤累积入渗量相差不大，可能坡长过短，坡上位与坡中位的土壤基本情况很相似，且坡上位、坡中位土壤累积入渗量随时间平方根的变化较坡下位剧烈，坡下位的土壤累积入渗量相比坡上位、坡中位分别减少了 71.58%、70.17%。

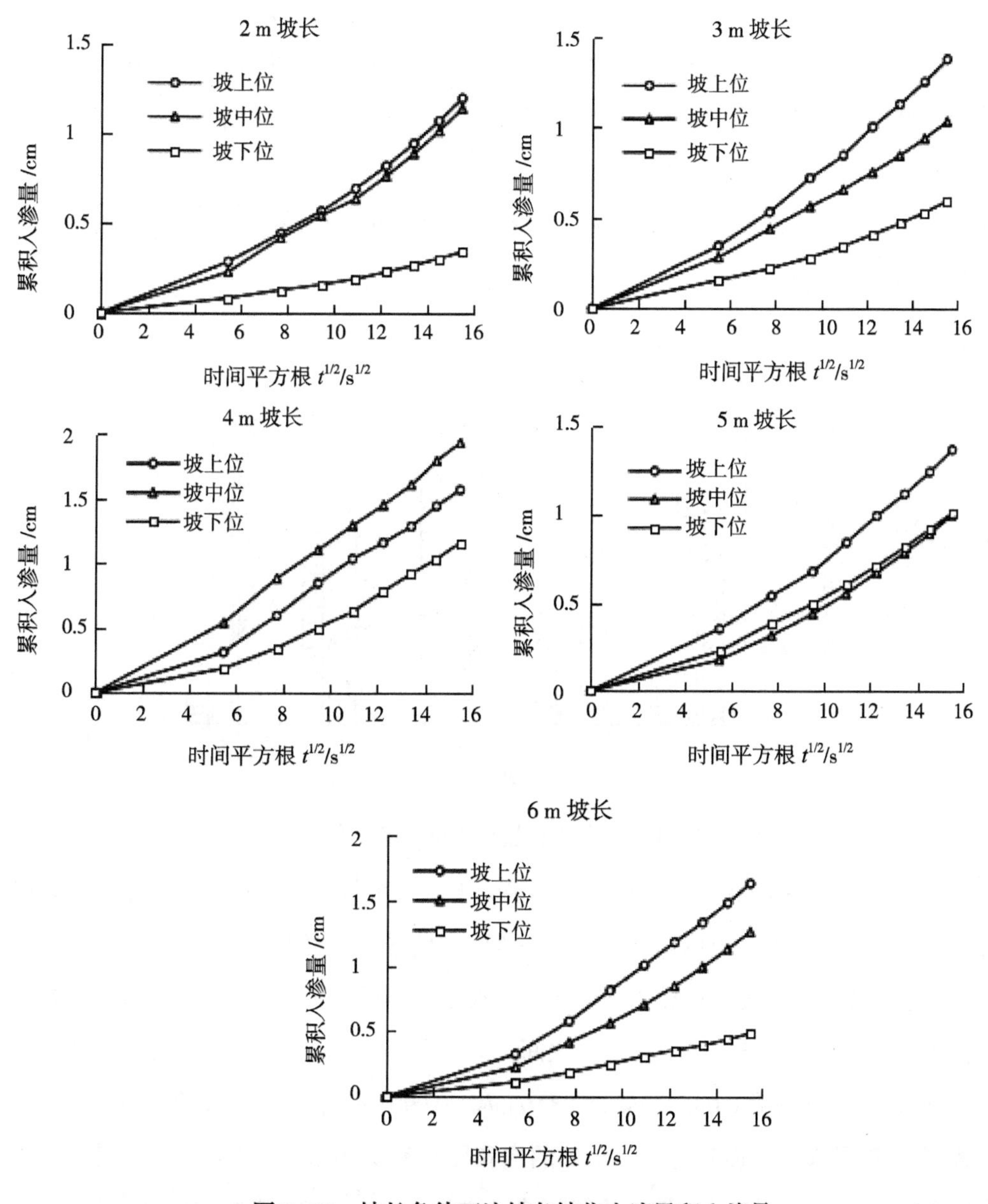


**图 5-19　坡长条件下边坡各坡位土壤累积入渗量**

土壤稳定入渗率是单位时间内单位面积土壤的入渗水量达到稳定值时的速率，是土壤入渗能力的主要参数之一，也是评价土壤渗透特性的重要指标。土壤稳定入渗率与土壤入渗过程息息相关。

各个坡长不同坡位土壤稳定入渗率如图 5-20 所示，是由 2 ~ 6 m 各坡长不同坡位与土壤稳定入渗率关系绘制的柱状图。由图 5-20 可知，各坡位稳定入渗率随坡长呈现波动变化。2 m、3 m、5 m、6 m 四个坡长，土壤稳定入渗率坡下位均小于坡上位与坡中位；4 m 坡长土壤稳定入渗率坡中位均小于坡上位与坡下位，其中土壤稳定入渗率在 2 m 坡长坡下位达到最小值，0.46 cm/h，在 4 m 坡长坡下位达到最大值 2.31 cm/h。从坡上位来看，2 ~ 6 m 各坡长土壤稳定入渗率呈现出先减少再增加再减少再增加的趋势，在 5 m 坡长达到最小值 1.46 cm/h，在 6 m 坡长达到最大值 2.25 cm/h；从坡中位来看，2 ~ 6 m 各坡长土壤稳定入渗率呈现出先减少再增加的趋势，在 3 m 坡长达到最小值 0.79 cm/h；从坡下位来看，2 ~ 6 m 各坡长土壤稳定入渗率呈现出先增加再减少的趋势，在 4 m 坡长达到最大值。

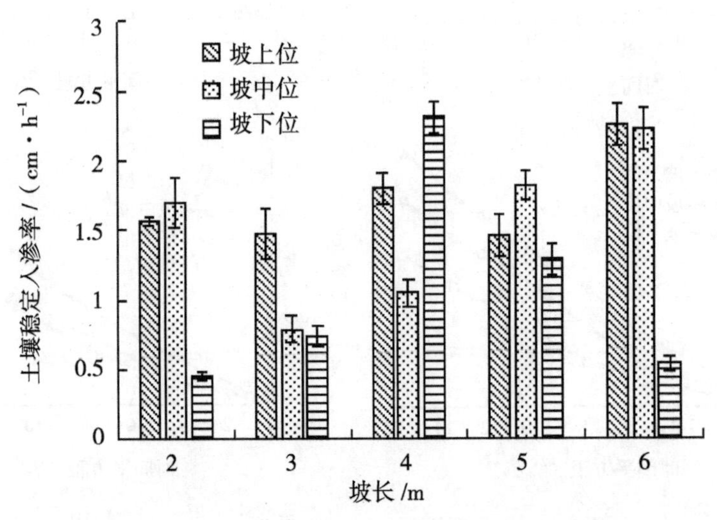


**图 5-20　坡长条件下边坡各坡位土壤稳定入渗率**

因试验研究小区各坡长坡顶在同一水平线上，为更好探究土壤饱和导水率随坡长的变化特征，选择各坡长土壤饱和导水率平均值与坡下位土壤饱和导水率值进行分析。图 5-21 是由各坡长土壤饱和导水率平均值、坡下位值绘制而成。2 ~ 6 m 坡长边坡土壤饱和导水率介于 0.015 ~ 0.108 cm/s 之间，5 m 坡长处土壤饱和导水率相对较大，从坡上位至坡下位分别为 0.096 cm/s、0.081 cm/s、0.090 cm/s，但土壤饱和导水率在 5 m 坡长处未出现最大值，而其他坡位土体的饱和导水率也并非严格按照一定规律变化。边坡土壤饱和导水率平均值、坡下位值随坡长波动变化。边坡土壤饱和导水率平均值、坡下位值随坡长的变化均呈现出先减少后增加再减少的趋势，各坡长边坡土壤饱和导水率平均值、坡下位值均在 5 m 坡长时最大。

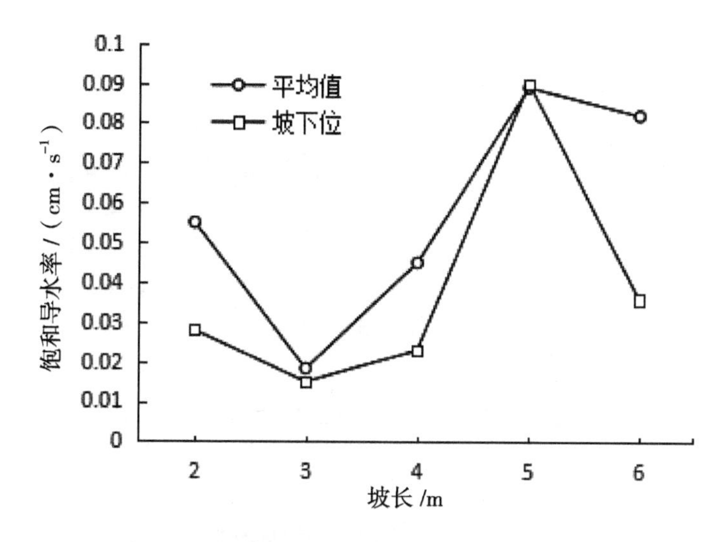


**图 5-21 各坡长土壤饱和导水率的变化特征**

（3）坡长对梯田边坡产沙量的影响

图 5-22 描绘了每个月边坡产沙量随坡长的变化趋势。观察期 9 月无降雨，因此分析中只有 2 ~ 8 月的产沙量。由图 5-22 可知，4 月，2 ~ 6 m 各坡长产沙量随坡长的变化起伏不大。由于 4 月为春季降雨，降雨频繁，总降雨量多，雨强不大，因此 4 月各坡长月累积产沙量较少，并且 2 ~ 5 m 各坡长之间产沙量变化较缓，介于 2.04 ~ 3.02 kg 之间，6 m 坡长产沙量是 5 m 坡长的 2.76 倍。5 月，试验研究区域开始进入强降雨集中时期，雨量增多，雨强增大，因此各坡长月累积产沙量相比 4 月产沙量明显增加，且各坡长之间月产沙量差异明显，其中 6 m 坡长产沙量比 5 m 坡长增加了 29.15 kg。6 月，次降雨雨强大，且总降雨最多；2 ~ 6 m 各坡长产沙量相比 4 月、5 月，产沙量激增；4 m、5 m、6 m 坡长产沙量均超过 50.00 kg；4 m 坡长产沙量是 2 m 坡长的 2.95 倍；比 3 m 坡长多 29.81 kg；6 月各坡长的产沙量，是试验研究期限内最多的时期。7 月，各坡长产沙量与 6 月相似，因降雨量多，雨强大，各坡长的产沙量较多。8 月，降雨减少，但单次降雨的雨量多，雨强大，对坡面土壤颗粒的推动作用仍然显著；与 5 月相比，2 m、3 m、6 m 坡长产沙量减少，4 m、5 m 的产沙量略多。6 月、7 月由于降雨集中，雨强大，各坡长之间的产沙量变化剧烈。在整个野外试验研究期内，各月份 2 m、3 m、4 m 坡长的产沙量，均随坡长的增加逐渐增加，在 5 m 坡长区域时，各月产沙量出现了减少现象；到达 6 m 坡长后，产沙量又呈现急剧增大的趋势。从产沙量随坡长变化整体趋势分析，随着坡长的增加，产沙量整体上也呈现增长的趋势。因此在梯田的实际修筑过程中，

建议梯田边坡不宜修筑过长。在研究的 2 ~ 6 m 坡长中。结合实际情况考虑，边坡坡长不宜超过 3 m。

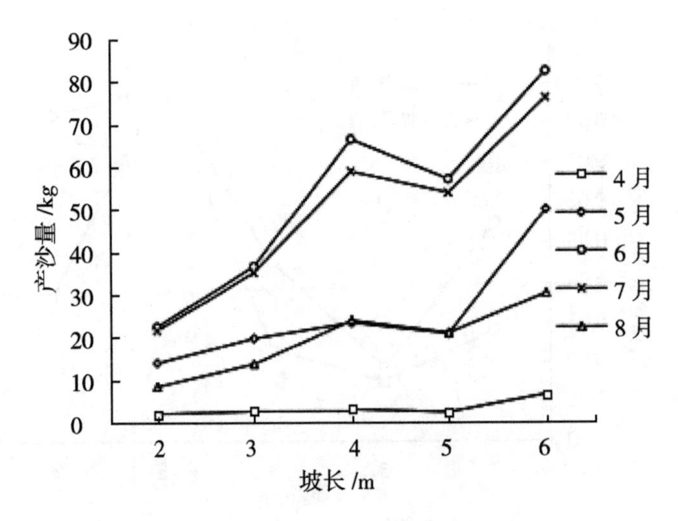


**图 5-22　每月各坡长产沙量的变化特征**

（4）土壤基本物理指标间的相关性分析

表 5-10 是梯田边坡各土壤基本物理指标的相关性分析。从表 5-10 可知：容重与饱和导水率之间达到极显著负相关（$P<0.01$）。容重与黏粒含量、粉粒含量达到极显著负相关（$P<0.01$），与砂粒含量达到极显著正相关（$P<0.01$）；单个坡长从上至下，坡上位的土壤被雨水顺坡冲刷而下，坡上位更容易形成孔隙通道，这为土壤饱和导水提供了良好的条件。顺坡而下，接受来自上方的土壤颗粒，部分细颗粒充实土体间的通道，减少水的流通，大颗粒被降雨径流顺坡冲下。这也是从坡上至坡下土壤容重增加，饱和导水率减少的原因之一。容重与稳定入渗率达到显著负相关（$P<0.05$）。稳定入渗率与黏粒含量达到极显著正相关，与粉粒含量也表现出正相关，与砂粒含量达到显著负相关（$P<0.05$）。

**表 5-10　土壤基本物理指标的相关性分析**

| | 容重 | 饱和导水率 | 稳定入渗率 | 黏粒含量 | 粉粒含量 | 砂粒含量 |
|---|---|---|---|---|---|---|
| 容重 | 1 | −0.596** | −0.577* | −0.603** | −0.523** | 0.577** |
| 饱和导水率 | | 1 | 0.508 | 0.678** | 0.598** | −0.654** |
| 稳定入渗率 | | | 1 | 0.659** | 0.365 | −0.526* |
| 黏粒含量 | | | | 1 | 0.877** | −0.963** |
| 粉粒含量 | | | | | 1 | −0.975** |
| 砂粒含量 | | | | | | 1 |

注：** 表示在 0.01 水平（双侧）上极显著相关，* 表示在 0.05 水平（双侧）上显著相关。

### 5.2.5 防治措施对梯田边坡土壤侵蚀特征影响

（1）防治措施对梯田边坡土壤容重和机械组成的影响

表 5-11 描述了不同防治措施下边坡各坡位土壤容重。由表 5-11 可知，半年的土壤容重介于 1.30 ~ 1.64 g/cm$^3$ 之间，一年的土壤容重介于 1.41 ~ 1.75 g/cm$^3$ 之间。两个时间点，边坡土壤容重最小值均在 HV 处理组坡上位，半年时土壤容重最大值在 HV 处理组坡下位置，一年时土壤容重最大值在 R 处理组坡下位。把一年边坡各坡位的土壤容重与半年相对应边坡各坡位的土壤容重对比，发现土壤容重随时间的延长而增大。与空白组（CK）相比，坡面在经过处理后，植物的生长对坡面土壤发挥固持效果，纱网与无纺布覆盖降低雨滴打击动能，使得土壤颗粒降雨流失量减少，从而使得土壤容重增加。在分析单个坡长，边坡各坡位的土壤容重的变化情况时，发现从坡上位到坡下位，土壤容重呈现出增加的趋势。

**表 5-11 不同防治措施下边坡各坡位土壤容重**

| 措施 | 坡位 | 容重 /（g · cm$^{-3}$） | | | |
|---|---|---|---|---|---|
| | | 半年 | | 一年 | |
| | | 平均值 | 标准差 | 平均值 | 标准差 |
| RG | 上 | 1.51 | 0.05 | 1.52 | 0.07 |
| | 中 | 1.53 | 0.06 | 1.54 | 0.03 |
| | 下 | 1.57 | 0.04 | 1.66 | 0.01 |
| RF | 上 | 1.41 | 0.02 | 1.46 | 0.05 |
| | 中 | 1.45 | 0.01 | 1.49 | 0.01 |
| | 下 | 1.52 | 0.05 | 1.51 | 0.01 |
| R | 上 | 1.34 | 0.03 | 1.49 | 0.01 |
| | 中 | 1.40 | 0.02 | 1.50 | 0.01 |
| | 下 | 1.53 | 0.01 | 1.75 | 0.18 |
| HV | 上 | 1.30 | 0.02 | 1.41 | 0.07 |
| | 中 | 1.41 | 0.02 | 1.51 | 0.01 |
| | 下 | 1.64 | 0.03 | 1.61 | 0.02 |
| MS | 上 | 1.38 | 0.03 | 1.49 | 0.03 |
| | 中 | 1.46 | 0.04 | 1.52 | 0.01 |
| | 下 | 1.57 | 0.05 | 1.63 | 0.03 |
| CK | 上 | 1.43 | 0.04 | 1.44 | 0.02 |
| | 中 | 1.47 | 0.03 | 1.49 | 0.02 |
| | 下 | 1.51 | 0.01 | 1.55 | 0.02 |

表 5-12 是在同一梯田边坡条件下，边坡恢复后半年和一年两个时间点上，不同防

治措施下各坡位的土壤机械组成特征。从表 5-12 得出，在对边坡进行不同处理之后，土壤黏粒与粉粒含量明显减少，而砂粒含量显著增加。各处理组与空白组对比发现，黏粒含量减少，粉粒与砂粒含量相差不大。各措施之间各黏粒、粉粒与砂粒的差别也不明显，处于波动状态。在分析单个坡长时发现，从坡上到坡下，黏粒含量与粉粒含量均呈现出减少的趋势，砂粒含量呈现出增加的趋势。

表 5-12 不同防治措施下边坡各坡位土壤机械组成特征

| 措施 | 坡位 | 半年 | | | 一年 | | |
|---|---|---|---|---|---|---|---|
| | | 黏粒含量 /% | 粉粒含量 /% | 砂粒含量 /% | 黏粒含量 /% | 粉粒含量 /% | 砂粒含量 /% |
| RG | 上 | 14.55 | 34.96 | 50.49 | 10.29 | 27.49 | 62.22 |
| | 中 | 13.47 | 33.37 | 53.16 | 9.03 | 26.35 | 64.62 |
| | 下 | 12.89 | 32.16 | 54.95 | 8.73 | 26.05 | 65.22 |
| RF | 上 | 14.92 | 33.48 | 51.60 | 9.33 | 27.12 | 63.55 |
| | 中 | 13.43 | 32.40 | 54.17 | 9.36 | 27.19 | 63.45 |
| | 下 | 13.04 | 31.63 | 55.33 | 8.99 | 26.84 | 64.17 |
| R | 上 | 14.15 | 34.90 | 50.95 | 9.87 | 28.71 | 61.42 |
| | 中 | 13.64 | 34.69 | 51.67 | 8.61 | 27.48 | 63.91 |
| | 下 | 12.05 | 31.44 | 56.51 | 8.51 | 26.77 | 64.72 |
| HV | 上 | 14.27 | 34.20 | 51.53 | 9.60 | 27.85 | 62.55 |
| | 中 | 13.75 | 34.17 | 52.08 | 9.40 | 27.36 | 63.24 |
| | 下 | 13.24 | 33.93 | 52.83 | 8.71 | 26.67 | 64.62 |
| MS | 上 | 14.11 | 34.28 | 51.61 | 10.65 | 28.71 | 60.64 |
| | 中 | 13.64 | 32.59 | 53.77 | 9.72 | 27.68 | 62.60 |
| | 下 | 12.88 | 30.43 | 56.69 | 9.63 | 27.48 | 62.89 |
| CK | 上 | 14.93 | 34.92 | 50.15 | 11.29 | 28.37 | 60.34 |
| | 中 | 14.12 | 34.35 | 51.53 | 10.48 | 27.59 | 61.93 |
| | 下 | 12.88 | 32.27 | 54.85 | 10.75 | 26.45 | 62.80 |

（2）防治措施对梯田边坡水力参数的影响

为了进一步分析探明不同防治措施各坡位土壤入渗量的变化特征，对建设在一年梯田边坡不同防治措施下的各坡位土壤进行入渗特性测定。图 5-23，是根据不同防治措施各坡位土壤累积入渗量与时间平方根关系绘制的曲线图。由图 5-23 可知，坡上位不同防治措施之间的土壤累积入渗量表现出的大小关系为 IRG>IRF>IR>IHV>IMS>ICK，当在 240 s 入渗结束时，各措施的土壤累积入渗量均在 1.0 cm 以上，且在 RG、RF 时达到最大（2.20 cm）。坡中位表现出的大小关系为

IR>IRF>IMS>IHV>IRG>ICK，可各措施之间的土壤累积入渗量差异不大。坡下位表现出的大小关系为 IRG>IR>IHV>IRF>IMS>ICK，RG 组的土壤累积入渗量与其他措施组差异明显，各措施分别减少 63.38%、50.64%、60.83%、71.98%、73.25%。各坡位不同防治措施之间的土壤累积入渗量虽存在差异，但采取不同防治措施后，土壤累积入渗量均大于空白（CK）组。其中在坡上位，240 s 入渗结束时，RG 组的土壤累积入渗量与 RF 组相同。

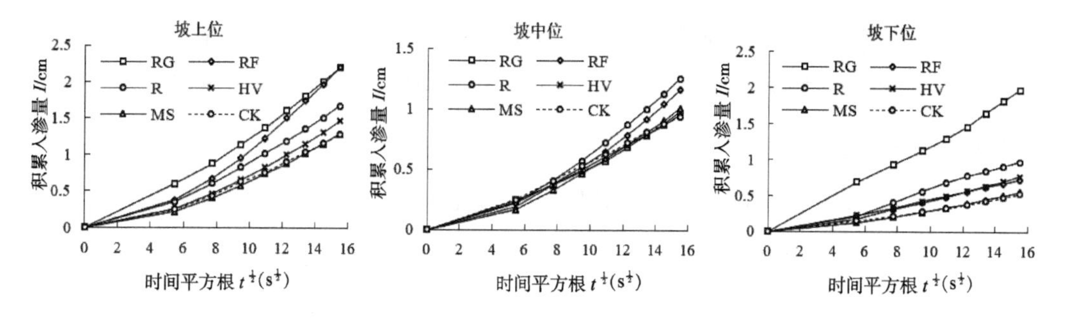


**图 5-23 不同防治措施下边坡各坡位土壤累积入渗量**

为了进一步分析探明不同防治措施各坡位土壤稳定入渗率的变化特征，对建设在一年梯田边坡不同防治措施下的各坡位土壤进行入渗特性测定，如图 5-24 所示，是由不同防治措施下各坡位与土壤稳定入渗率关系绘制的柱状图。由图 5-24 可知，各防治措施下土壤稳定入渗率均表现出坡上位 > 坡中位 > 坡下位的现象。从单个坡位来看，各防治措施与空白（CK）组相比，土壤稳定入渗率均呈现出增加的现象。在 RF 组坡上位出现最大值 4.13 cm/h。

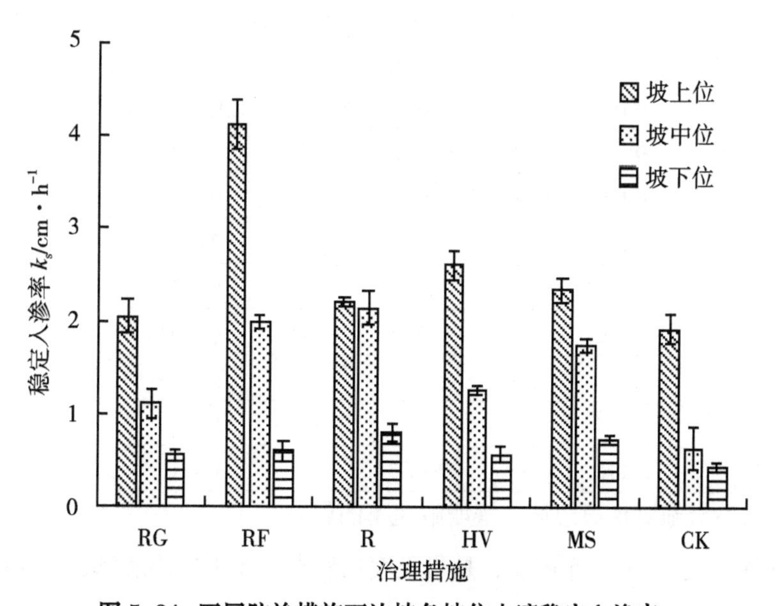


**图 5-24 不同防治措施下边坡各坡位土壤稳定入渗率**

表5-13描绘了不同措施下边坡各坡位土壤饱和导水率。由表5-13可知，半年的土壤饱和导水率介于0.062~0.412 cm/s之间，一年的土壤饱和导水率介于0.015~0.158 cm/s之间。将一年边坡各坡位的土壤饱和导水率与半年相对应边坡各坡位的土壤饱和导水率对比分析，发现土壤饱和导水率整体呈现出减少趋势。从一年数据可以看出，RG、RF、R三个处理组各坡位土壤饱和导水率相对较大，土体本身存在大孔隙，后又有植物根系作用，这三个处理组均种植有黑麦草，其根系发达，在固持土壤颗粒的同时又加大了土壤孔隙通道，使得通过土体流失的水量增加，从而饱和导水率也随之增加。在分析单个坡长边坡各坡位的饱和导水率的变化情况时，发现土壤饱和导水率从坡上位到坡下位越来越小。

**表5-13 不同防治措施下边坡各坡位土壤饱和导水率**

| 措施 | 坡位 | 饱和导水率 / ( $cm \cdot s^{-1}$ ) | | | |
|---|---|---|---|---|---|
| | | 半年 | | 一年 | |
| | | 平均值 | 标准差 | 平均值 | 标准差 |
| RG | 上 | 0.153 | 0.04 | 0.102 | 0.04 |
| | 中 | 0.103 | 0.05 | 0.094 | 0.03 |
| | 下 | 0.062 | 0.02 | 0.025 | 0.01 |
| RF | 上 | 0.302 | 0.11 | 0.134 | 0.06 |
| | 中 | 0.115 | 0.03 | 0.081 | 0.02 |
| | 下 | 0.085 | 0.02 | 0.073 | 0.04 |
| R | 上 | 0.412 | 0.12 | 0.153 | 0.05 |
| | 中 | 0.172 | 0.02 | 0.115 | 0.07 |
| | 下 | 0.103 | 0.04 | 0.015 | 0.02 |
| HV | 上 | 0.166 | 0.06 | 0.158 | 0.09 |
| | 中 | 0.136 | 0.03 | 0.058 | 0.03 |
| | 下 | 0.110 | 0.01 | 0.039 | 0.04 |
| MS | 上 | 0.221 | 0.05 | 0.095 | 0.08 |
| | 中 | 0.101 | 0.01 | 0.062 | 0.03 |
| | 下 | 0.075 | 0.01 | 0.043 | 0.03 |
| CK | 上 | 0.152 | 0.04 | 0.035 | 0.05 |
| | 中 | 0.135 | 0.02 | 0.026 | 0.03 |
| | 下 | 0.072 | 0.03 | 0.021 | 0.01 |

（3）防治措施对梯田边坡土壤崩解速率的影响

土壤崩解，土工上叫作湿化，是指土壤在静水中发生破碎解体、坍塌或土壤强度降低的现象。为探究不同防治措施下，土壤平均崩解速率的大小，对不同防治措施下边坡表层 0~10 cm 的土壤进行静水崩解试验，图 5-25 是由不同防治措施下土壤崩解速率平均值绘制而成的。由图 5-25 可知，对于黑麦草 + 纱网（RG）、黑麦草 + 无纺布（RF）、黑麦草（R），三个试验组均种有黑麦草，土壤崩解速率平均值表现出的关系为 VRG>VRF>VR，但是三个试验组的崩解速率平均值差异小，因此网布覆盖对减缓土壤崩解的影响较为微弱。而毛叶苕子（HV）组、紫花苜蓿（MS）组的土壤崩解速率平均值相比 RG 组、RF 组、R 组土壤崩解速率平均值表现出明显的增大现象。RG、RF、R 三组黑麦草根系发达，固土效果好，因此土壤崩解速率较小。而 MS 组，是三种植物种植下土壤崩解速率最大的一组，其值达到 4.45 $cm^3 \cdot min^{-1}$。R 组较 HV 组、MS 组分别减少了 39.95%、42.25%。从整体上来看，梯田边坡在进行植被种植后，边坡各防治措施组的土壤崩解速率平均值均小于空白对照（CK）组，土壤崩解速率平均值整体上表现出的大小关系为 VCK>VMS>VHV>VRG>VRF>VR。

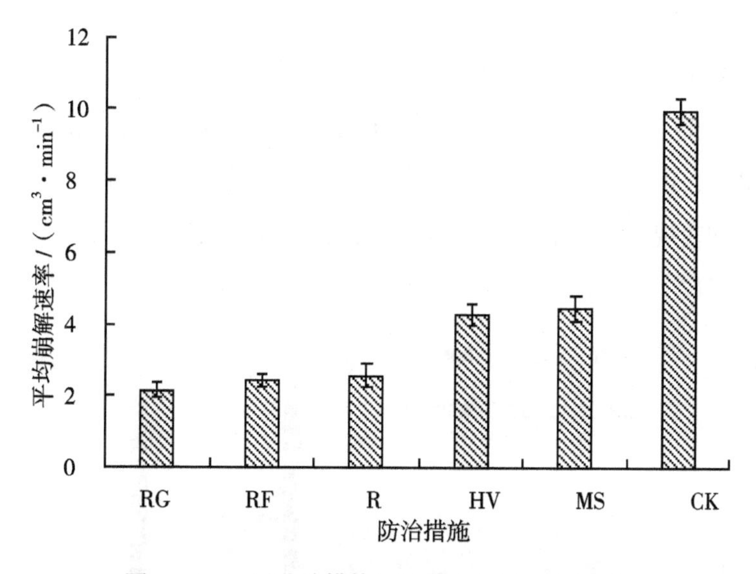


**图 5-25　不同防治措施下边坡土壤平均崩解速率**

（4）防治措施对梯田边坡产沙量的影响

图 5-26 是根据不同月份与不同防治措施下产沙量绘制而成的。3 月底建设完成小区并进行泥沙收集。4 月各防治措施组产沙量均小于 3 kg，RG、RF、R、HV、MS 组的产沙量与 CK 组相比分别降低了 18.85%、15.16%、4.10%、0.82%、1.64%，由于 4 月降雨量少且雨强小，植物还处于萌芽状态，对泥沙的防治效果不显著，主要是纱网与无纺布覆盖措施起到降低雨滴动能作用，从而减少泥沙流失。5 月 RG、RF、R、HV、MS 组的产沙量与 CK 组相比分别降低了 64.71%、50.98%、34.12%、19.93%、12.45%。5 月与 4 月相比，降雨量开始增加，雨强变大，坡面产沙量激增，由于边坡种植植物生

长缓慢，植物处于幼苗期，植物根系不茂盛，固土效果弱，此时纱网与无纺布覆盖措施起主要作用，因此 RG 组防止泥沙流失效果最佳，其次为 RF 组。5 月不同防治措施之间坡面产沙量差异开始显著表现，且各防治措施产沙量较 4 月有显著的增加。6 月、7 月不同措施之间产沙量的差异较大，6 月 CK 组坡面产沙量达到最大，RG、RF、R 三个处理组防沙效果明显，且这三组均种植有黑麦草。在植物种植上，黑麦草防沙效果最佳，毛叶苕子防沙效果次于黑麦草，紫花苜蓿效果最差。6 月 RG、RF、R、HV、MS 组的产沙量与 CK 组相比分别降低了 91.77%、90.22%、85.53%、72.78%、61.33%。6 月黑麦草处于生长成熟时期，植物根系发达，固土效果强；毛叶苕子是攀援蔓生植物，根系生长虽不发达，但植株茎、叶茂盛，对减弱降雨雨滴动能，起到良好作用；苜蓿以平原黑土等肥力良好地区生长最为适宜，而在南方地区高温潮湿的气候中有生长不良的现象，因此紫花苜蓿组坡面防沙效果最差。7 月 RG、RF、R、HV、MS 组的产沙量与 CK 组相比分别降低了 91.08%、89.39%、84.22%、71.68%、61.32%。7 月的产沙量情况与 6 月存在相似之处。8 月 RG、RF、R、HV、MS 组的产沙量与 CK 组相比分别降低了 91.46%、89.82%、87.74%、72.29%、61.37%。8 月降雨量减少，各防治措施的产沙量也随之减少，RG、RF、R 三个处理组的产沙量达到最小值。4—8 月，各防治措施之间的产沙量均表现出的大小关系为：RG<RF<R<HV<MS<CK。

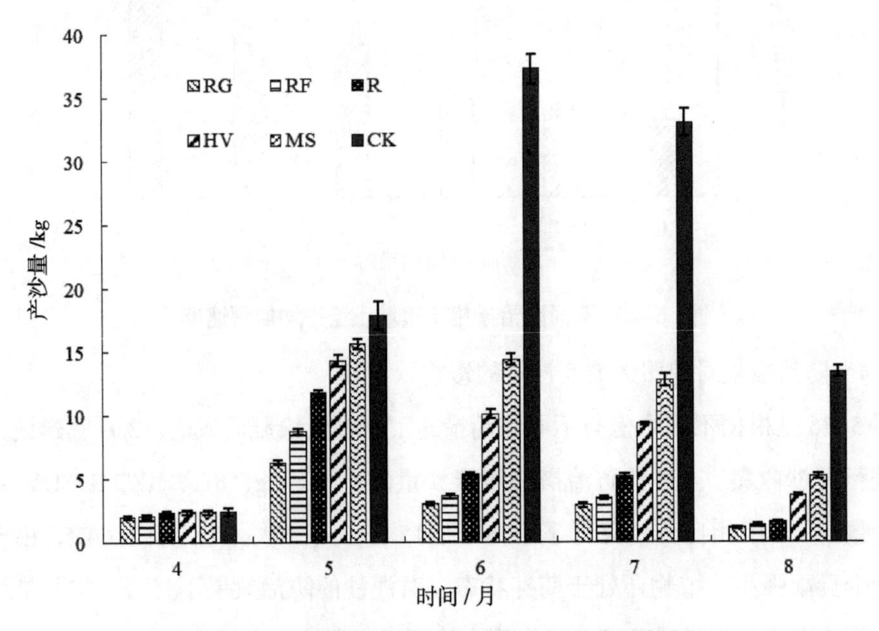


**图 5-26　不同防治措施边坡产沙量的变化特征**

不同月份，各防治措施的减沙效果大有差异，因此，4 月应该对梯田边坡实施纱网、无纺布等覆盖措施，并开始种植护坡植被。5~8 月梯田边坡减沙以种植强根植物为主，

以黑麦草 + 纱网减沙效果最佳。

（5）不同防治措施下各土壤基本物理指标间的相关性分析

表 5-14 是不同防治措施下土壤基本物理指标的相关性分析。从表 5-14 可知，土壤容重与饱和导水率之间达到极显著负相关（$P<0.01$），土壤容重与黏粒含量、粉粒含量达到极显著负相关，与砂粒含量达到极显著正相关，土壤容重与土壤稳定入渗率达到极显著负相关。土壤饱和导水率与土壤黏粒含量、粉粒含量达到极显著正相关，与砂粒含量达到极显著负相关。土壤稳定入渗率与黏粒含量、粉粒含量均呈现出正相关关系，且土壤稳定入渗率与粉粒含量达到显著正相关（$P<0.05$），土壤稳定入渗率与砂粒含量呈现出负相关关系。

**表 5-14　不同防治措施下土壤基本物理指标的相关性分析**

| | 容重 | 饱和导水率 | 稳定入渗率 | 黏粒含量 | 粉粒含量 | 砂粒含量 |
|---|---|---|---|---|---|---|
| 容重 | 1 | −0.684** | −0.622** | −0.517** | −0.504** | 0.514** |
| 饱和导水率 | | 1 | 0.778** | 0.559** | 0.615** | −0.598** |
| 稳定入渗率 | | | 1 | 0.147 | 0.511* | −0.363 |
| 黏粒含量 | | | | 1 | 0.960** | −0.986** |
| 粉粒含量 | | | | | 1 | −0.993** |
| 砂粒含量 | | | | | | 1 |

注：** 表示在 0.01 水平（双侧）上极显著相关，* 表示在 0.05 水平（双侧）上显著相关。

### 5.2.6　小结

坡长因素下，梯田边坡土壤容重、土壤机械组成、土壤累积入渗量、土壤稳定入渗率、土壤饱和导水率随坡长的增加均表现出波动变化。整体分析得出，边坡产沙量随着坡长的增加呈现出增加的趋势，从坡上位至坡下位，土壤容重呈现出增加的趋势；土壤黏粒含量、粉粒含量呈现减少趋势，砂粒含量呈现增加趋势；累积入渗量、稳定入渗率呈现出波动变化；土壤饱和导水率呈现出减少趋势。

梯田边坡在实施不同防治措施后，边坡各坡位土壤容重表现出增加的现象，且不同防治措施土壤容重的增加值均大于空白组的容重增加值。在土壤机械组成中，黏粒含量、粉粒含量明显减少，砂粒含量显著增加，防治措施实施后有助于土壤入渗；植物种植能有效提高土壤饱和导水率，且以黑麦草效果最佳，毛叶苕子其次。4 ~ 8 月，各防治措施之间的产沙量均表现出的大小关系为黑麦草 + 纱网（RG）< 黑麦草 + 无纺布（RF）< 黑麦草（R）< 毛叶苕子（HV）< 紫花苜蓿（MS）< 空白（CK）。

# 6 结论与建议

湖南省多年年均降雨侵蚀力地区差异较大，全省降雨侵蚀力的空间分布形成三个高值中心：雪峰山北端，沅资水下游，其中安化为该区的极值中心；湘东北，极值位于湘鄂赣三省交界地区的临湘、浏阳和平江；南岭山地，该区位于湘粤交界的南岭和湘东南的湘赣交界的罗霄山，其中道县、桂东、江永、江华为该区高值中心。降雨侵蚀力较小的地区主要分为四大片区：湘西地区（凤凰、麻阳）、湘西北沅水上游地区（新晃）、衡邵盆地（衡阳县、邵阳县）、洞庭湖区（南县）。

根据中国土壤侵蚀模型 CSLE 计算得到 3 个年度（2000 年、2010 年、2020 年）的土壤侵蚀模数，进一步计算得到湖南省水土流失面积及占比，并对湖南省近 2020—2020 水土流失特征的动态变化进行分析。湖南省 3 期水土流失面积分别是 36458 $km^2$、30852 $km^2$ 和 26168 $km^2$，呈减少的变化趋势。属于中度侵蚀的地区基本都位于海拔较高的湘西北山地地区，是未来湖南省水土流失的重点防护地带。

生态防护型水土流失治理措施在实施后的短期内，林区土壤依然较贫瘠，林下植被大部分分布于所挖设的坑沟中，林区整体生态环境有待提高，后期仍需加以维护。从评价结果来看，可认为挖设水平沟 + 种植草本 + 种植灌木这一水土流失治理措施组合对于南方红壤侵蚀劣地来说，是具有区域适宜性的水土流失治理措施模式，是良好的区域水土流失治理示范。

在采取湘北新垦经果林红壤坡地水土流失治理措施各试验小区，累积产流量和产沙量均随着坡长、坡度的增加而增加。湘北红壤丘岗区经果林套种黑麦草或毛叶苕子能降低水土流失风险。通过分析 3 种植物套种模式下累积产流量、累积产沙量、平均侵蚀模数可知套种紫花苜蓿套种模式的水土保持效果较差，黑麦草和毛叶苕子套种模式的水土保持效果较好。且在新改坡耕地建园初期，合理的植物套种能显著改善 0 ~ 15 cm 土层中土壤团聚体分布和数量，提高了土壤的稳定性，降低了团聚体结构破坏率，其效果表现为：紫薯 > 毛叶苕子 > 荒草 > 裸地。但从坡顶向坡底方向，各试验处理的团聚体指标均表现为随着坡长的增加呈现变差的趋势。

在湘北丘岗区恢复期梯田边坡侵蚀特征及防治措施坡长因素下，梯田边坡土壤容重、土壤机械组成、土壤累积入渗量、土壤稳定入渗率、土壤饱和导水率随坡长的增加均表现出波动变化。边坡产沙量随着坡长的增加呈现出增加的趋势。防治措施实施后有助于土壤入渗；植物种植能有效提高土壤饱和导水率，且以黑麦草效果最佳，毛叶苕子其次。

坡耕地的水土流失一直是水土流失研究的重点和难点。随着众多学者开展了大量的研究，对坡面的水土流失研究有了长足的发展。研究总结了一些重要结论，但由于野外试验中，不确定性因素的影响以及时间和科研田间的限制，在许多方面存在不足，建议后续试验进一步探究。

影响水土流失的因素多样，且各因素对径流泥沙的影响机制复杂，在不同时空尺度上均表现出显著的差异性。目前有很多研究从多个尺度进行探讨，但水土流失规律在不同尺度上的转换及其效应仍未得到较好的解决，如何将坡面小区和小流域尺度的研究成果应用于更大尺度是相关研究的重点和难点。此外，在今后的研究中应建立长时间序列径流泥沙的观测系统，有利于获取更为丰富的数据资料反映径流输沙的变化规律特征。

随着经济社会的发展，人们越来越注重生态环境的保护，高度重视生态文明建设。径流泥沙流失特征是水土保持研究的关注重点，但在减水减沙的同时，也应更多地将水土保持对生态环境的影响考虑进来，重点关注区域水土保持的生态环境效益。

侵蚀林区的生态恢复是一个长期的过程，长期的定点监测有助于从时间序列探究土壤性质的变化态势。在此基础上，进一步探究微生物群落相互作用变化及关键菌群转变对土壤物质循环产生了怎样的影响，这也是未来研究的方向。

# 参考文献

[1] ANDREU V， RUBIO J L，GIMENO G E，et al. Testing three mediterranean shrub species in runoff reduction and sediment transport[J]. Soil &Tillage Research，1998，45：441–454.

[2] BREDA N，HUC R，GRANIER A Temperate forest trees and stands under severe drought：a review of ecophysiological responses，adaptation processes and long–term consequences[J]. Annals of Forest Science，2006，63（6）：625–644.

[3] CULLUM R F，WILSON G V，MC GREGOR K C，et al. Runoff and soil loss from ultra–narrow row cotton plots with and without stiff–grass hedges[J]. Soil & Tillage Research，2007（35）：513–519.

[4] HEIRI O， LOTTER A F，LEMCKE G. Loss on ignition as amethod for estimating organic and carbonate content in sediments：reproducibility and comparability of results[J]. Journal of Paleolimnology，2001，25（1）：101–110.

[5] MONTANARELLA，LUCA. Agricultural policy：Govern our soils[J]. Nature，2015（7580）：32–33.

[6] NEARINGM A，ROMKENSM J，NORTON L D.Measurements and models of soil loss rates[J].National Soil Erosion Research Laboratory，2000，290（5455）：1300–1301.

[7] POST WM， KWON K C. Soil carbon sequestration and land–use change：processes and potential[J]. Global Change Biology，2000，6（3）：317–327.

[8] STEFANO C D，FERRO V，PAMPALONE V，et al. Field investigation of rill and ephemeral gully erosion in Sparacia experimental area South Italy[J]. Catena：An Interdisciplinary Journal of Soil Science Hydrology–Geomorphology Focusing on Geoecology and Landscape Evolutionn，2013，28（4）：226–234.

[ 9 ] ZENG Q C，DARBOUX F，MAN C，et al. Soil aggregate stability under different rain conditions for three vegetation on typeson the Loess Plateau[J]. Catena，2018，167（6）：276–283.

[ 10 ] ZINGG A W.Degree and length of land slope as it affects soil loss in runoff[J].Agri Eng，1940，21（2）：59–64.

[ 11 ] 蔡强国，中国主要水蚀区水土流失综合调控与治理范式 [M]. 北京：中国水利水电出版社，2012.

[ 12 ] 鄂竟平 . 中国水土流失与生态安全综合科学考察总结报告 [J]. 农业工程学报，2008（12）：3–7.

[ 13 ] 蔺明华 . 开发建设项目新增水土流失研究 [M]. 郑州：黄河水利出版社，2008.

[ 14 ] 李涛，从我国水土流失现状看水土保持生态建设战略布局及其任务 [J]. 江西农业，2017（3）：77–78.

[ 15 ] 梁音，张斌，潘贤章，等 . 南方红壤丘陵区水土流失现状与综合治理对策 [J]. 中国水土保持科学，2008，6（1）：22–27.

[ 16 ] 水利部，中国科学院，中国工程院 . 中国水土流失防治与生态安全 [M]. 北京：科学出版社，2008.

[ 17 ] 舒乔生，谢立亚，贾天会，等 . 一种坡面水土流失监测技术：20112040547[P]. 2012–07–04.

[ 18 ] 韦红波，李锐，杨勤科 . 我国植被水土保持功能研究进展 [J]. 植物生态学报，2002（4）：489–496.

[ 19 ] 王礼先 . 水土保持学 [M]. 北京：中国林业出版社，2005.

[ 20 ] 徐涵秋 . 水土流失区生态变化的遥感评估 [J]. 农业工程学报，2013（7）：91–97.

[ 21 ] 徐宪立，马克明，傅伯杰，等 . 植被与水土流失关系研究进展 [J]. 生态学报，2006，26（9）：3137–3143.

[ 22 ] 国家林业局 .LY/T 2498—2015 防护林体系营建技术规程 [S]. 北京：中国标准出版社，2015.

[ 23 ] 张莉 . 一种防治水土流失的植物配置方法：CN201510314481.8[P].2015–08–26.

[ 24 ] 马春艳，王占礼，谭贞学 . 黄土坡面产流动态变化过程实验模拟 [J]. 干旱地区农业研究，2007（6）：122–125.

[25] 王占礼，黄新会，张振国，等. 黄土裸坡降雨产流过程试验研究 [J]. 水土保持通报，2005（4）：1–4.

[26] 吴发启，赵晓光，刘秉正. 缓坡耕地降雨、入渗对产流的影响分析 [J]. 水土保持研究，2000（1）：12–17.

[27] 郭晓朦，何丙辉，秦伟，等. 不同坡长条件扰动地表下土壤入渗与贮水特征 [J]. 水土保持学报，2015，29（2）：198–203.

[28] 郑粉莉，高学田. 坡面土壤侵蚀过程研究进展 [J]. 地理科学，2003，23（2）：230–235.

[29] 付兴涛，张丽萍，叶碎高，等. 经济林地坡长对侵蚀产流动态过程影响的模拟试验研究 [J]. 水土保持学报，2009，23（5）：5–9.

[30] 郭新亚，张兴奇，顾礼彬，等. 坡长对黔西北地区坡面产流产沙的影响 [J]. 水土保持学报，2015，29（2）：40–44.

[31] 赵光旭，王全九，张鹏宇，等. 短坡坡长变化对坡地风沙土产流产沙及氮磷流失的影响 [J]. 水土保持学报，2016，30（4）：13–18.

[32] 廖义善，蔡强国，程琴娟. 黄土丘陵沟壑区坡面侵蚀产沙地形因子的临界条件 [J]. 中国水土保持科学，2008（2）：32–38.

[33] 范丽丽，沈珍瑶，刘瑞民. 基于 GIS 的大宁河流域土壤侵蚀评价及其空间特征研究 [J]. 北京师范大学学报（自然科学版），2007，43（5）：264–265.

[34] 常松涛，查轩，黄少燕，等. 地面覆盖条件下雨强和坡度对红黏土坡面侵蚀过程的影响 [J]. 水土保持学报，2019，33（6）：79–85.

[35] 陈永宗，景可，蔡国强，等. 黄土高原现代侵蚀与治理 [M]. 北京：科学出版社，1988.

[36] 廖绵清，李靖，黄欠如，等. 低丘红壤坡耕地苎麻与花生水土保持效果对比研究 [J]. 土壤，2011，43（4）：657–661.

[37] 李新平，王兆骞，陈欣，等. 红壤坡耕地人工模拟降雨条件下植物篱笆水土保持效应及机理研究 [J]. 水土保持学报，2002（2）：36–40.

[38] 马星，王文武，郑江坤，等. 植物篱措施对紫色土坡耕地产流产沙及微地形的影响 [J]. 水土保持学报，2017，31（6）：85–89.

[39] 曹艳，刘峰，包蕊，等. 西南丘陵山区坡耕地植物篱水土保持效益研究进展 [J]. 水土保持学报，2017，31（4）：57–63.

[40] 吴电明，夏立忠，俞元春，等. 三峡库区坡地脐橙园保护性措施对土壤团聚

体结构及碳、氮、磷含量的影响 [J]. 土壤学报，2011，48（5）：996–1005.

［41］彭新华，张斌，赵其国．土壤有机碳库与土壤结构稳定性关系的研究进展 [J]. 土壤学报，2004，41（4）：618–623.

［42］郭明明，王文龙，康宏亮，等．黄土高原沟壑区植被自然恢复年限对坡面土壤抗冲性的影响 [J]. 农业工程学报，2018，34（22）：138–146.

［43］严方晨，焦菊英，曹斌挺，等．黄土丘陵沟壑区撂荒地不同演替阶段植物群落的土壤抗蚀性：以坊塌流域为例 [J]. 应用生态学报，2016，27（1）：64–72.

［44］高建华，张承中．不同保护性耕作措施对黄土高原旱作农田土壤物理结构的影响 [J]. 干旱地区农业研究，2010，28（4）：192–196.

［45］李明德，刘琼峰，吴海勇，等．不同耕作方式对红壤旱地土壤理化性状及玉米产量的影响 [J]. 生态环境学报，2009，18（4）：1522–1526.

［46］谢锦升，杨玉盛，陈光水，等．植被恢复对退化红壤团聚体稳定性及碳分布的影响 [J]. 生态学报，2008（2）：702–709.

［47］付兴涛，张丽萍．红壤丘陵区坡长对作物覆盖坡耕地土壤侵蚀的影响 [J]. 农业工程学报，2014，30（5）：91–98.

［48］魏天兴，朱金兆．黄土残塬沟壑区坡度和坡长对土壤侵蚀的影响分析 [J]. 北京林业大学学报，2002，24（1）：59–62.

［49］陈晓安，杨洁，汤崇军，等．雨强和坡度对红壤坡耕地地表径流及壤中流的影响 [J]. 农业工程学报，2017，33（9）：141–146.

［50］何绍兰，邓烈，雷霆，等．不同坡度及牧草种植对紫色土幼龄柑橘园水土流失的影响 [J]. 中国南方果树，2004，33（6）：1–4.

［51］杨如萍，郭贤仕，吕军峰，等．不同耕作和种植模式对土壤团聚体分布及稳定性的影响 [J]. 水土保持学报，2010，24（1）：252–256.

［52］周泉，王龙昌，邢毅，等．秸秆覆盖条件下紫云英间作油菜的土壤团聚体及有机碳特征 [J]. 应用生态学报，2019，30（4）：1235–1242.

［53］赵文武，傅伯杰，陈利顶．陕北黄土丘陵沟壑区地形因子与水土流失的相关性分析 [J]. 水土保持学报，2003，17（3）：66–69.

［54］张兴奇，顾礼彬，张科利，等．坡度对黔西北地区坡面产流产沙的影响 [J]. 水土保持学报，2015，29（4）：18–22.

［55］徐宪立，张科利，罗利芳，等．青藏公路路堤边坡产流产沙与降雨特征关系 [J]. 水土保持学报，2005，19（1）：22–24.

[ 56 ] 杨培岭，罗远培，石元春 . 用粒径的重量分布表征的土壤分形特征 [J]. 科学通报，1993，38（20）：1896–1899.

[ 57 ] 刘宝元，杨扬，陆绍娟 . 几个常用土壤侵蚀术语辨析及其生产实践意义 [J]. 中国水土保持科学，2018，16（1）：9.

[ 58 ] 周洋，姜敏，李梦雨，等 . 湘中丘陵区紫色土坡耕地水土保持措施效益的试验研究 [J]. 水土保持学报，2017，31（6）：134.

[ 59 ] WISCHMEIER W H，SMITH D D. Predicting rainfall erosion losses：a guide to conservation planning[M].Agriculture Handbook No.537，Washington DC：United States Department of Agriculture USDA，1978.

[ 60 ] 王品，陈一，张朝 . 基于水文和作物模型的农业洪涝灾害风险研究：以蒸水流域水稻种植区为例 [C]// 中国灾害防御协会风险分析专业委员会第六届年会论文集 . 中国灾害防御协会风险分析专业委员会，2014：178.

[ 61 ] 罗兰花，谢红霞，宁迈进，等 . 蒸水流域 1961—2012 年径流演变规律研究 [J]. 长江科学院院报，2019，36（8）：42.

[ 62 ] LIU B Y，ZHANG K L，XIE Y. An empirical soil loss equation[C]//Jiao Yuren，Proceeddings of the 12th International Soil Conservation Organization Conference. Beijing：Tsinghua University Press，2002，2：15.

[ 63 ] 水利部水土保持监测中心 . 区域水土流失动态监测技术规定（试行）[EB/OL].（2018–08–27）.http：//www.swcc.org.cn/zcfg/2018–08–27/65661.html.

[ 64 ] 殷水清，章文波，谢云，等 . 中国降雨侵蚀力的时空分布及重现期研究 [J]. 中国水土保持，2013（10）：45.

[ 65 ] 国务院第一次全国水利普查领导小组办公室 . 第一次全国水利普查培训教材之六：水土保持情况普查 [M]. 北京：中国水利水电出版社，2010：226.

[ 66 ] XIE H X，ZHOU Q，ZHENG S Y，et al. Spatio–temporal change of the cover and management factor in the soil erosion prediction model in Hunan province，China[C]//In The Proceedings of Seventh International Conference on Agro–Geoinformatics. Hangzhou：Zhejiang University. 2018：2.

[ 67 ] 焦如珍，杨承栋，屠星南，等 . 杉木人工林不同发育阶段林下植被、土壤微生物、酶活性及养分的变化 [J]. 林业科学研究，1997，10（4）：373.

[ 68 ] 崔飞 . 中亚热带炼山造林后杉木人工林林下植被及土壤 C、N、P 特征 [D]. 长沙:

中南林业科技大学，2015.

[ 69 ] 谢红霞，李锐，杨勤科，等 . 退耕还林（草）和降雨变化对延河流域土壤侵蚀的影响 [J]. 中国农业科学，2009，42（2）：569.

[ 70 ]谢红霞 . 延河流域土壤侵蚀时空变化及水土保持环境效应评价研究 [D]. 西安：陕西师范大学，2008.

[ 71 ] 张信宝，文安邦 . 长江上游干流和支流河流泥沙近期变化及其原因 [J]. 水利学报，2002（4）：56.

[ 72 ] WILLIAMS J R，SHARPLY A N. EPIC( Erosion–Productivity Impact Calculator ) Ⅰ . Model Documentation[J]. U.S. Department of Agriculture Technical Bulletin. 1990，4（4）：206–207.

[ 73 ] 杨欣，郭乾坤，王爱娟，等 . 基于小区实测数据的不同类型土壤可蚀性因子计算 [J]. 水土保持通报，2019，39（4）：114.